Recherches biologiques

DANS LES

Grands Lacs de Savoie

Lacs du Bourget et d'Annecy

PAR

Marc LE ROUX
Docteur ès-sciences
Conservateur du Musée d'Annecy

ANNECY
IMPRIMERIE J. ABRY ET Cie, ÉDITEURS

1928

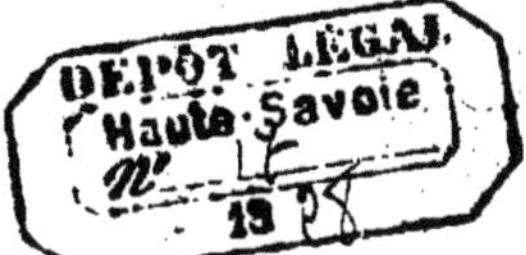

Recherches biologiques

DANS LES

Grands Lacs de Savoie

Lacs du Bourget et d'Annecy

PAR

Marc LE ROUX
Docteur ès-sciences
Conservateur du Musée d'Annecy

ANNECY
IMPRIMERIE J. ABRY ET Cie, ÉDITEURS

1928

INTRODUCTION

Les recherches qui forment la première partie de ce travail ont été effectuées au lac du Bourget en 1913 et 1914. Elles ont eu d'abord pour but des observations planctoniques et l'étude de la microfaune à titre de comparaison avec les résultats obtenus antérieurement au lac d'Annecy. Interrompues pendant la guerre elles furent reprises en 1917 et 1918 pour la faune ichtyologique, à la demande du Ministre de l'Agriculture, dans le but d'établir une règlementation rationnelle de la pêche dans les eaux de nos grands lacs de Savoie, basée sur la considération des périodes de frai et des éléments généraux qui conditionnent la biologie des poissons.

Ce travail est resté manuscrit pendant longtemps. C'est grâce à une subvention accordée par le Ministère de l'Agriculture qui a pris à sa charge la presque totalité des dépenses et à une souscription de la Ville d'Aix-les-Bains que l'impression a pu être terminée.

Je dois un témoignage particulier de gratitude au Dr Louis Roule, professeur au Museum, l'un des maîtres de l'Ichtyologie, qui a bien voulu s'intéresser à mon travail et m'a témoigné la plus grande bienveillance. Ses travaux dont j'invoquerai souvent la haute autorité m'ont été extrêmement utiles.

On trouvera réunies ici, à coté des renseignements pratiques concernant l'hydrobiologie piscicole, toutes les questions scientifiques qui se rapportent au développement de la population des lacs : conditions physiques du milieu, mesure, variations et périodicité du plancton, relations des associations végétales et des frayères, tout cet ensemble constituant la monographie, jusqu'à ce jour inédite, du lac du Bourget.

Le lac d'Annecy ayant été l'objet de recherches particulières parues en 1907 *dans les* Annales de Biologie lacustre *ne sera décrit qu'au point de vue ichtyologique dans une partie consacrée à la population piscicole des deux lacs.*

En ce qui concerne les illustrations, on a introduit dans ce livre un certain nombre de planches qui doivent être considérées, non comme ces dessins morphologiques très détaillés qui sont indispensables au naturaliste pour la détermination des espèces, mais plutôt comme des croquis sommaires esquissant la forme générale des organismes mentionnés.

Ces figures ont seulement pour but de donner une idée de la physionomie des animaux et des plantes. Le texte a été allégé autant que possible de toute aridité scientifique afin d'en rendre la lecture plus facile et plus attrayante pour les personnes non spécialisées et les amateurs de pêche. Puisse ce travail contribuer à orienter la curiosité du lecteur vers l'étude de ces petits êtres si variés et si admirablement adaptés au milieu, qui jouent un rôle des plus importants dans l'histoire biologique de nos lacs.

M. L. R.

Annecy, 13 mai 1928.

Ouvrage couronné par l'Académie de Savoie (Prix Caffe en 1920) et honoré de la grande médaille d'argent de la Société nationale d'Acclimatation en 1927.

PREMIÈRE PARTIE

LE LAC DU BOURGET

Recherches de biologie générale

Faune et Flore

Un humble village dont le château, aujourd'hui ruiné, fut le berceau du Comte Vert de Savoie au XIVe siècle, possède le privilège de donner son nom au plus important bassin lacustre de la Savoie.

Coordonnées géographiques.

Le lac s'étend par 5°52' de long. moy. Est de Greenwich et 45°44 de lat. moy. Nord.

Son altitude est de 231 m. 50. Il est figuré sur les cartes suivantes : Etat-Major $\frac{1}{80.000}$ ff. Chambéry N.-E. et S.-E. ; Service vicinal du Ministère de l'Intérieur au $\frac{1}{100.000}$ ff. XXIII-25-26, XXIV-25-26 (Belley, Annecy, La Tour du Pin, Chambéry).

La carte des profondeurs a été levée en 1890 par Delebecque au $\frac{1}{20.000}$ par 75 coups de sonde au km. carré. L'équidistance des isobathes est de 5 mètres.

Les murailles géologiques du lac. — Son histoire dans les temps anciens.

Dans une longue vallée, sensiblement orientée N.-S., miroite la nappe du « lac bleu » du Bourget.

De sa muraille occidentale sauvage et abrupte, dont la surface est modelée en ressauts ou terrasses, témoins d'un ancien niveau des eaux, des formes au relief adouci de la côte orientale, surplombée dans sa partie Nord par la cassure formidable des plis calcaires, le lac du Bourget tire son impressionnante beauté, mélancolique ou parfois farouche, au gré des incidences lumineuses, de l'enveloppement ouaté des brumes ou de la rapide chevauchée des nuages.

Ce que nous voyons aujourd'hui de ce lac n'est que le reste d'une ancienne cuvette lacustre, irrégulière, beaucoup plus étendue, dont les eaux montaient à une altitude assez élevée, marquée dans la topographie actuelle par des gradins ou terrasses de sables ou de graviers (30 m. en moyenne au-dessus du niveau actuel : Drivet, Broisin, Châtillon). Au Sud, elles dessinaient un golfe dans la direction des lointaines chaînes qui dominent Chambéry.

Une vaste plaine alluvionnaire occupe au Nord l'emplacement de l'ancien lac : les marais de Lavours, d'où surgissent les Molards de Vions et le rocher de Châtillon formant des îles à la surface des eaux qui baignaient les flancs du Colombier, atteignaient les environs de Seyssel et pénétraient par la vallée du Séran jusqu'à Artemare. Le lac contournait l'éperon rocheux de Chanaz et venait butter au Sud contre le barrage morainique de Massignieu-Luçay.

Maintenant, le Bourget approche de ce stade de vieillesse du cycle vital des lacs, marqué par l'envahissement lent et progressif du domaine terrestre sur celui des eaux, par suite des phénomènes de comblement résultant de l'apport des matériaux d'alluvion par ses affluents.

Le lac du Bourget est un lac tectonique qui occupe l'emplacement d'un synclinal tertiaire (1).

Sur la côte Est, à partir de la dépression du Sierroz jusqu'à Chindrieux, un ensemble de gradins s'élève mollement d'abord pour se hausser brusquement jusqu'à la cote 960, dans le pli de la Chambotte et de Cessens, dont les falaises urgoniennes tournent vers l'Ouest le regard de leur anticlinal rompu qui laisse affleurer au rivage son noyau jurassique.

La morphologie de la région est caractérisée, près de la baie de Grésine et de Saint-Innocent, par des alluvions de delta lacustre nettement stratifiées et surmontées de moraines glaciaires qui se montrent encore d'une grande fraîcheur dans la topographie.

Le cône de déjection sur lequel le Sierroz a frayé son cours inférieur est formé d'alluvions post-glaciaires, de graviers que le torrent a ensuite entamés et charriés pêle-mêle avec les matériaux modernes pour édifier le vaste delta actuel sous-lacustre, en voie d'accroissement si considérable, qu'il a commencé à séparer le lac en deux bassins.

Depuis le Sierroz jusqu'à l'extrémité Sud du lac, la douce colline de Tresserve laisse entrevoir sous sa parure de fron-

(1) J. Revil. *Géologie des chaînes jurassiques et subalpines de la Savoie*, Chambéry, 1913.

daisons des parois vert sombre sculptées dans les molasses burdigaliennes.

Enfin, au hameau des Cochets, une terrasse d'alluvions inter-glaciaires fortement inclinée, édifiée pendant l'oscillation Wurm-Neowurmienne, permet de fixer l'âge relatif du lac qui est par conséquent antérieur à la récurrence néo-wurmienne. Il faut en conclure que le Bourget était déjà individualisé à cette époque et recueillait un système hydrographique qui accumulait ces épais sédiments anciens, alors que son voisin, le lac d'Annecy, n'existait pas encore.

La rive méridionale est basse, marécageuse, elle ourle une plaine largement ouverte et comblée par les alluvions récentes des affluents Terret-nu et Leysse.

Puis, brusquement la muraille s'élève hardie et sauvage sur la côte occidentale, accidentée d'un plateau cuirassé sur son flanc des couches fortement redressées de l'Urgonien, laissant apparaître par érosion les jaunes calcaires de l'Hauterivien, ou plaqués des grès de la molasse aquitanienne, tandis qu'au delà de Hautecombe, la côte qui plonge dans le lac oppose au dur choc des vagues les conglomérats compacts de la molasse marine.

Sur la rive Nord, une plaine marécageuse uniforme où se creuse le canal émissaire du lac, s'étend de Portot à Châtillon où surgit le pittoresque rocher, brachyanticlinal érodé sur son flanc Ouest. Ce pli incline les couches de son noyau valanginien vers le Nord et déverse au Sud, contre le lac, celles de sa couverture urgonienne.

L'étude de la constitution géologique du bassin du Bourget acquiert une certaine importance en ce sens qu'elle apporte des renseignements sur les différences de composition du sous-sol lacustre (graviers, sables, limon) formés des éléments détritiques arrachés aux rives. Ces dépôts sont en relation étroite, au point de vue écologique, avec les diverses associations végétales qui peuplent les rives et aussi avec les stations des espèces zoologiques.

Eléments limnologiques (2).

Forme. — Le lac du Bourget affecte la forme d'un bassin très allongé, aux rives à peu près parallèles, dont l'axe est dirigé N.-20° O. Les côtes ne présentent aucune articulation

(2) Les caractéristiques des éléments limnologiques sont tirées de l'ouvrage de DELEBECQUE, *Les lacs français*, Paris, 1898.

remarquable ; elles sont accidentées seulement d'un promontoire rocheux à Châtillon, des cônes de déjection de la Leysse, du Tillet-Sierroz et creusées d'une anse : la baie de Grésine. Des délaissés séparés du lac par les routes ou la voie ferrée, mais en communication avec lui par une ouverture étroite, dessinent sur la côte Est quelques étangs marécageux. Le centre de figure du lac est sensiblement sur le parallèle Grésine-Petit Villard qui la divise en deux moitiés égales.

Dimensions. — La longueur est de 18 km. ; sa plus grande largeur atteint 3 km. au niveau de la baie de Grésine.

Superficie. — La superficie totale est de 44 kq. 62 hectares.

Volume. — Le volume des eaux du Bourget est de 3.620.300.000 m. cubes.

Profondeur. — La profondeur maxima est de 145 m. 40 à 1.500 mètres au S.-E. de l'abbaye d'Hautecombe.

Relief. — Le lac peut être considéré comme formé de deux bassins : celui du Nord, prof. = 145 m. 40 ; celui du Sud, prof. = 109 m. 80, séparés par une barre aplatie à une profondeur de 109 m., ce relèvement correspondant au prolongement sous-lacustre du delta du Sierroz.

Les accidents topographiques du sol du lac sont : le delta du Sierroz ; un éperon en face de Bourdeau, un haut fond à 33 m. 20 de profondeur au Sud de Tresserve et près de ce dernier un autre monticule remontant sur la beine à une profondeur de 4 m. 20. La baie de Grésine forme un bassin secondaire profond de 46 m. 60, séparé du lac par une barre creusée de deux dépressions : 42 m. 90 et 41 m. 20 de part et d'autre d'un monticule s'élevant jusqu'à la courbe bathymétrique de 33 mètres.

Une plate-forme littorale, la *Beine,* délimitée par la courbe de profondeur de 5 mètres, s'étend sur une grande partie du pourtour du lac. Sur la rive Ouest, elle atteint une largeur de 20 mètres aux environs de Hautecombe, où la côte est formée de molasse.

Elle disparaît complètement au Sud de ce point, là où commencent les calcaires durs de l'Urgonien, où un rapide talus d'éboulis prend place. La beine est très développée au Nord, entre la Chatière et Châtillon, de même qu'au Sud entre le port du village du Bourget et le hameau des Cochets.

Le *talus* entre Bourdeau et Hautecombe plonge par endroits avec une pente de 63° jusqu'à une profondeur de 100 m. Le talus du rocher de Châtillon descend avec une inclinaison de 55° jusqu'à 60 m. de profondeur. On retrouve ici une analogie frappante avec ce qui se passe au lac d'Annecy pour le promontoire de Duingt et le roc de Chère.

Le fond du lac se raccorde assez brusquement sur la rive Ouest à un talus incliné de 40°.

Sédiments. — Les limons offrent à l'analyse une grande proportion de silice en face du Sierroz dont le bassin est molassique, tandis qu'à l'embouchure de la Leysse, issue de régions calcaires, le carbonate de chaux domine.

Composition chimique. — Les eaux du Bourget titrent 0 gr. 153 à 0 gr. 167 par litre de résidu sec dont 0 gr. 06 à 0 gr. 068 de carbonate de chaux.

Affluents. — Les affluents sont la Leysse, accrue de l'Hière, le ruisseau de Voglans (Terret-nu), le Tillet, le Sierroz accru de la Deisse, la source de la Pierre du Quart, les ruisseaux de Chindrieu et de Conjux, la fontaine de Hautecombe et les petits torrents de Gerle descendant en cascade des pentes au-dessus de Bourdeau.

Emissaire. — Le canal de Savières, long de 2.500 m., est émissaire pendant dix mois de l'année avec un débit de 25 m. cubes par seconde, tandis qu'à la saison des pluies, un mois au printemps et un mois à l'automne, il joue le rôle d'affluent en déversant les eaux du Rhône dans le lac avec un débit moyen de 20 m. cubes par seconde. Ce phénomène a des conséquences intéressantes au point de vue du peuplement zoologique du lac.

Variations de niveau. — Les observations faites au Grand-Port (Port Puer) de 1867 à 1893 indiquent une variation extrême de 3 mètres.

Température. — Le lac du Bourget appartient au type des *lacs tempérés* de Forel, à stratification thermique alternante, c'est-à-dire directe en été (décroissante de la surface au fond) et inverse en hiver (croissante de la surface à la profondeur).

La température superficielle est tantôt au-dessus, tantôt au-dessous de 4 degrés. En mars 1891, Delebecque a mesuré 3°9 et en février 1895, 3°7 au-dessus de la plaine centrale. De plus, à 10 m. il trouvait encore 3°7 et de 40 à 100 m. 3°8, ce qui montre que la stratification thermique inverse était établie depuis longtemps et que le lac était dans les conditions physiques requises pour se congeler. Cependant, de mémoire d'homme, le lac n'a jamais gelé.

La température de la tranche superficielle de 0 à 15 mètres s'élève pendant l'été jusqu'à atteindre 20 à 23 degrés. La chute thermique est profonde vers 10 mètres.

L'étude des températures au Bourget a été l'objet en mai-juin 1922 de nouvelles recherches au moyen d'une sonde thermo-électrique, inventée par le Commandant du Génie Gorceix, permettant de prendre la température à une profondeur quelconque, du bateau et sans remonter la sonde (3) ; on peut ainsi avoir les températures de mètre en mètre de profondeur en un point déterminé et en déduire le nombre de calories emmagasinées ou perdues entre deux jours d'opérations. Cette étude ne porte que sur une période qui fut très chaude et consécutive à une série de pluies abondantes.

Alors que la température superficielle variait dans cette période de 12°7 à 21° au-dessous de 10 m., elle ne variait que de 8°9 à 9°5 et ne changeait pas au-dessous de 18 à 19 m. où elle était entre 7 et 8°.

La construction des courbes de température en fonction de la profondeur fait ressortir nettement le mode d'échauffement connu des lacs : par temps calme la chaleur ne pénètre que lentement en profondeur, l'échauffement est superficiel, mais dès que le vent produit une agitation sérieuse, la chaleur gagne en profondeur, on voit la température à la surface baisser, celle des premiers mètres augmente jusqu'à une couche dite du *saut* où elle baisse très rapidement, puis, cette zone franchie, elle conserve l'allure des temps calmes jusqu'à la zone de très faible variabilité. La couche du saut s'abaisse au fur et à mesure que la température superficielle augmente et la zone de faible variabilité fait de même plus lentement.

Une observation qui permet d'expliquer la variation des courants de profondeur est celle-ci : à toute différence de température à la surface, entre deux points, correspond entre la couche du saut et celle d'invariabilité une différence en sens inverse, de sorte que des courants en sens inverse de ceux de la surface se produisent dans cette zone (indépendamment des courants de fond et autres, produits par des causes différentes).

(3) Ch. Gorceix. *Répartition des températures dans le lac du Bourget, Rev. de Géogr. alpine*, t. X, 1922, *Grenoble.*

Une autre conséquence intéressante de cette étude, mais qui mériterait confirmation pour d'autres années, est celle-ci : le bassin Nord emmagasine plus de chaleur que le bassin Sud pendant l'été, et sa température à l'époque étudiée dépassait de un demi-degré celle du second. Pendant l'hiver, ce bassin constitue donc un réservoir de calorique plus considérable que celui du Sud et cela peut expliquer la différence de climat sensible signalée entre les rives de ces deux parties du lac. (Flore méridionale sur les pentes de Brizon ainsi qu'à Saint-Gil où les Chamœrops fructifient et se reproduisent en pleine terre.)

M. Gorceix explique ce fait par l'apport d'eaux du Rhône à 16°5 chargées de limon à la fonte des glaces, qui pénètrent, en raison de leur densité due aux matières étrangères en suspension, dans les couches profondes et plus fraîches du lac et les réchauffent. L'action est prépondérante au Nord où elles arrivent et où elles sont maintenues par le seuil qui sépare les deux bassins.

Pluies. — Aucunes observations suivies n'ont été faites à ce sujet.

Transparence. — Mesurée à l'aide du disque de Secchi, la plus grande limite de visibilité a été de 10 m. 50 en avril 1891 et en février 1895, la plus faible a été de 5 m. 70 en mai 1891. (Delebecque, *Lacs français.)*

Vents. — Le régime des vents avait été soigneusement étu-

MOIS	DIRECTION DES VENTS								Nombre d'Observations
	N	N-E	E	S-E	S	S-O	O	N-O	
Janvier	42	54	1	6	44	11	11	12	2192
Février	44	22	1		53	18	19	11	
Mars	56	17	0	2	55	33	36	9	
Avril	60	0	0	0	6	17	60	27	
Mai	37	1	0	2	16	25	72	30	
Juin	52	0	0	0	10	29	60	31	
Juillet	47	0	0	0	10	18	62	49	
Août	59	0	0	0	16	25	51	37	
Septembre	58	0	0	0	18	16	53	26	
Octobre	37	13	0	6	43	19	50	17	
Novembre	46	24	0	7	59	31	8	6	
Décembre	22	20	0	5	80	46	8	6	
	560	151	2	30	410	288	490	261	

dié par le regretté Luya, ingénieur de la ville d'Aix-les-Bains, qui voulut bien me communiquer les résultats inédits de son travail.

Les observations, au nombre de 2192, ont été poursuivies au Grand-Port depuis le 1er janvier 1907 jusqu'au 31 décembre 1912.

Elles se répartissent de telle manière suivant le tableau ci-contre que si l'on construit le polygone funiculaire afin d'établir la résultante des vents, on voit que les vents dominants au Bourget sont sensiblement de la partie N.-N.-O.

Les courants. — La masse des eaux du Bourget est le siège de courants qu'il est nécessaire d'étudier car ils jouent un certain rôle dans la répartition verticale et horizontale des organismes planctoniques.

Les courants *continus* dus à l'écoulement des eaux vers le canal de Savières sont très faibles dans la masse du lac. Ils ne sont marqués qu'au voisinage de l'émissaire en raison du débit assez considérable, soit vers l'amont soit vers l'aval, suivant le changement saisonnier de direction du courant.

D'autres courants, courants *de poussée,* sont dus à l'*action du vent* qui soulève les vagues en déplaçant devant lui la masse d'eau.

Un phénomène assez curieux a pu être maintes fois constaté par les pêcheurs du Bourget, c'est l'existence de courants de fond dont la marche est en sens contraire de la direction des vagues produites par le vent régnant à ce moment même. Voici l'explication de ce fait. Quand le vent souffle du Nord, par exemple, il pousse devant lui une certaine quantité d'eau qui, par suite de la somme des impulsions élémentaires agissant sur chaque tranche liquide superficielle, se trouve en définitive soulevée en masse à l'extrémité Sud du lac. Cette dénivellation produit par pression un courant de retour en sens inverse. Des filets immergés ont été ainsi entraînés assez loin de l'endroit où ils avaient été placés. J'ai constaté le même phénomène au lac d'Annecy.

Des courants *horizontaux* se produisent par temps calme. Leur cause est due à des différences d'échauffement causées par l'action solaire, ils peuvent se diriger en sens contraire de l'écoulement des eaux du lac. Ainsi une partie du lac recevant l'ombre portée par les nuages ou la montagne, l'autre reçoit directement les rayons du soleil ; alors les couches échauffées devenant plus légères, glissent sur les couches plus froides et s'étalent à la surface.

D'autres courants, ceux de *convection* thermique, sont dus aux différences de densité de l'eau suivant la température. Si l'eau se refroidit à la surface par suite d'un vent froid, elle descend ; l'eau plus chaude monte de la profondeur. Ce phénomène détermine ainsi des courants *verticaux* qui contribuent à la dissémination des organismes : mélange des espèces de fond avec celles de la surface, par exemple les Diatomées cantonnées dans la profondeur que l'on rencontre à l'état erratique dans le plancton superficiel.

Ces courants n'ont, d'autre part, aucune action sur la répartition du zooplancton dont les migrations sont dues à un véritable tropisme (attraction de la lumière).

D'autres courants profonds se remarquent au moment des crues, lorsque les torrents charrient beaucoup de matériaux en suspension, tels le Sierroz, la Leysse. L'eau plus froide du torrent entraînée par la violence du courant, s'avance dans le domaine du lac sans se mélanger à ses eaux. Elle descend comme en cascade dans la masse liquide en gagnant, par densité, la profondeur. C'est un phénomène analogue à la célèbre Bataillère, embouchure du Rhône dans le Léman, au large du Bouveret ; une puissante cascade sous-lacustre où l'eau limoneuse s'étale en gros nuages qui gagnent lentement la profondeur à travers l'eau pure et bleue du lac. (Forel. *Le Léman.* Les courants t. II.)

Couleur des eaux. — La couleur des eaux du Bourget correspond à celle des lacs les plus bleus, au nº IV de l'échelle colorimétrique de Forel, c'est-à-dire au bleu outremer foncé.

LA RÉGION PROFONDE

Le relief des fonds du lac du Bourget est caractérisé dans l'ensemble par une grande plaine centrale, se raccordant par des talus plus ou moins inclinés avec les bords.

Température. — Dans la région abyssale, la température est invariable. Par le moyen des dragages on peut évaluer la température du limon de fond, soit en été soit en hiver. Un procédé très simple consiste à remonter rapidement à bord du bateau un seau rempli de limon. Un thermomètre est alors plongé dans sa masse. Dans ces conditions, le réchauffement du limon est excessivement lent, car au bout de 5 minutes, la température remonte seulement de 4 dixièmes de degré (Forel). Les lectures peuvent donc être regardées comme suffisamment près de la réalité. La moyenne des températures observées sur les fonds de 80 à 120 mètres est de 3°7.

La pénétration de la lumière. — Des mesures sur la pénétration de la lumière n'ont pu être effectuées dans les eaux du Bourget ; toutefois, on peut conclure, des résultats que j'ai obtenus au lac d'Annecy, étant donnée la similitude des conditions climatiques des deux lacs, qu'en hiver, la limite de pénétration des rayons lumineux est de 80 mètres, tandis qu'en été elle n'est plus que de 60 mètres.

Ces différences dans la transparence d'un même milieu liquide au cours des saisons sont dues à la plus ou moins grande abondance des germes organiques qui se trouvent en suspension dans l'eau.

Au printemps et en été, le développement de ces organismes (innombrables larves d'Entomostracés, Spores, Péridiniens, colonies de Diatomées flottantes) est en pleine activité.

J'ai pu constater maintes fois que l'eau devient trouble du jour au lendemain par l'apparition d'une quantité prodigieuse de Péridiniens (*Ceratium, Dinobryon*), de Rotateurs (*Anurœa, Hudsonella, Notholca*) et surtout de Diatomées (*Asterionella, Fragilaria*).

Il y a donc à certaines époques une poussière organique qui oppose un voile opaque à la pénétration de la lumière. En hiver, la prolifération de ces êtres s'arrête, aussi la limite de l'action lumineuse est-elle augmentée.

Pression. — Dans les profondeurs où la tranquillité des eaux est absolue, la pression est considérable. Une atmosphère faisant équilibre à une colonne d'eau de 10 m. de hauteur, nous trouvons sur la courbe bathymétrique de 140 m. une pression de 14 atmosphères.

Limon de fond. — La plaine centrale est partout recouverte d'un limon d'épaisseur inconnue, qui doit être considérable, résultant en partie de la lixiviation puis de la décantation des matériaux impalpables d'apports littoraux, éléments calcaires siliceux et argileux des moraines et terrasses quaternaires.

Cet effet mécanique et détritique est loin d'être le seul en jeu dans la formation du limon lacustre. La majeure partie de ces dépôts est composée d'une poudre très fine de carbonate de calcium assez pur, provenant d'une décalcification des eaux qui se traduit par la précipitation à l'état d'élément insoluble du calcaire qui se trouve en dissolution dans l'eau sous la forme de bicarbonate. Cette décomposition est déterminée par l'activité biologique des plantes aquatiques.

J'ai fait connaître au lac d'Annecy (4) le rôle important et d'une très grande ampleur des *Algues incrustantes* et *cariantes* dans la décalcification des eaux.

J'ai retrouvé au lac du Bourget, les mêmes formations qui se manifestent par des croûtes tufeuses assez épaisses recouvrant les cailloux immergés du littoral (Beine Est entre le Grand-Port et la pointe de Saint-Innocent, grève de Châtillon, côte Ouest entre Bourdeau et Hautecombe).

A un plus faible degré, d'autres plantes agissent dans le même sens. Les feuilles des phanérogames limnophytes tels que *Potamogeton lucens, Villarsia,* se recouvrent de couches pulvérulentes témoins de cette décalcification.

Le limon de fond présente dans sa masse des différences de coloration : 1° une couche superficielle brun rougeâtre très mince ; 2° une couche gris bleuâtre ; 3° une couche argileuse noirâtre.

En certains endroits (baie de Mémart, Beine du Nord) le limon est formé d'une poudre blanche presque exclusivement composée de carbonate de calcium très pur.

La couleur de la tranche superficielle est due à une suroxydation des sels de fer contenus dans le limon. Dans celui-ci, le peroxyde de fer se trouve à la surface, tandis que dans la masse interne un certain degré de réduction s'opère par la destruction des matières organiques et le fer y apparaît à l'état de protoxyde.

On peut aisément constater cette modification chimique en abandonnant du limon de fond au repos dans une cuvette de verre ; la partie extérieure qui est exposée à une forte insolation se teinte en moins de quinze jours d'une faible couleur de rouille.

(4) M. Le Roux, *Recherches biologiques sur le lac d'Annecy,* 1907, p. 356.

Physionomie des Sociétés abyssales.

Dans les ténèbres des grandes profondeurs où des êtres seront soumis à d'énormes pressions, sur cette plaine de limon nue et monotone qu'aucun rayon de lumière ne parvient à effleurer, la vie pourtant se manifeste.

Des organismes de taille très réduite, des algues dépourvues de chlorophylle appartenant aux groupes des *Oscillariées*

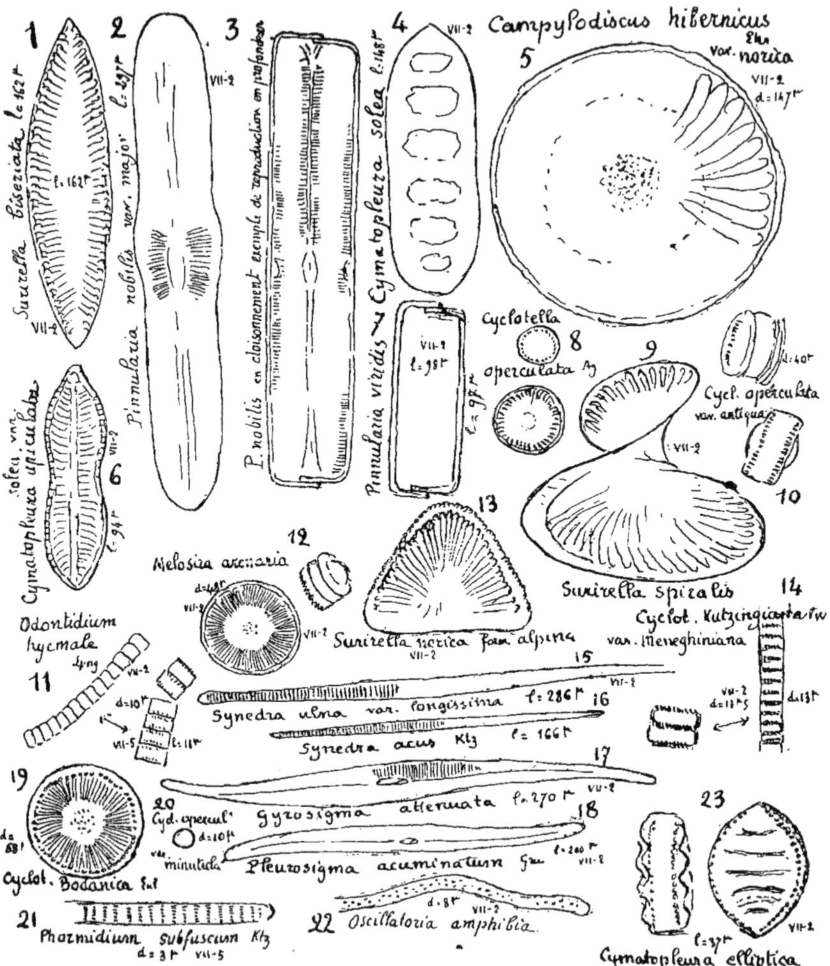

Pl. I. La flore de la région profonde (Oscillariées et Diatomées)

Sur toutes les planches, les figures dessinées à la chambre claire portent les dimensions en 1/1000 de mm. sous grossissements objectifs IV ou VII, oculaires 2 ou 5 du microscope Leitz.

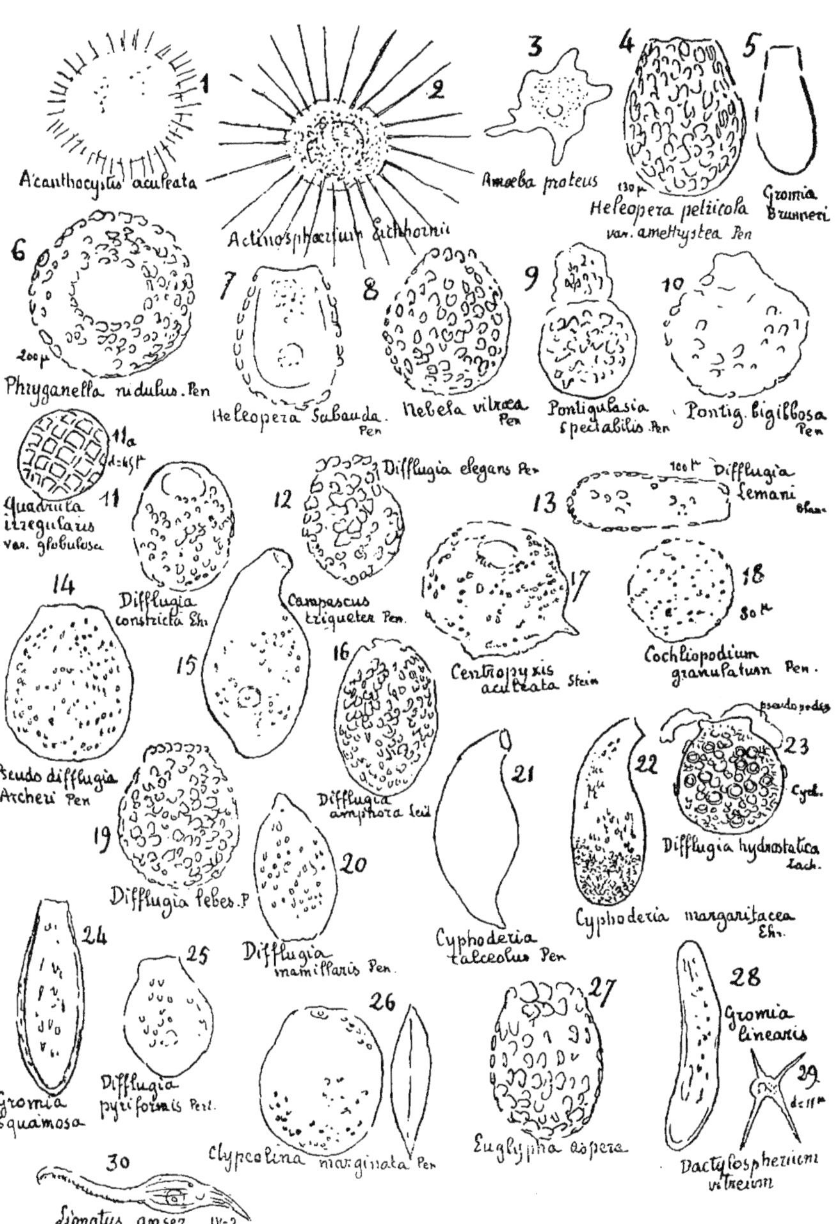

Pl. II. La faune de la région profonde (Heliozoaires et Rhizopodes)

et des *Diatomées* peuplent cette vaste étendue désertique. Végétaux et animaux y forment des sociétés peu variées en tant qu'espèces, mais nombreuses en individus.

Le calme absolu, le milieu immobile de ces zones profondes est troublé très faiblement par la descente continue à l'abîme de tous les débris provenant de la surface, poussières organiques et minérales et surtout les innombrables cadavres des populations planctoniques qui sombrent lentement pour se stratifier dans les grands fonds, phénomène qui a été pittoresquement exprimé par Forel sous la dénomination de « pluie des morts ».

Par contre un courant thermique de convexion inverse, presque imperceptible, ramène à la surface les plus légers des organismes limicoles : Oscillaires, Diatomées, Rhizopodes arrachés à la région profonde où ils vivent et se reproduisent.

***

Que pourrait donc observer à la surface du limon, dans les profondeurs du lac, un œil suffisamment armé pour la perception nette des êtres constituant ce microcosme ?

Les seuls représentants très appauvris de la Flore, s'y éparpillent en un tapis végétal infiniment mince qui drape uniformément le limon lacustre.

Une multitude de Diatomées, d'espèces et de formes variées, garnissent le sol du velours soyeux de leurs paillettes diaphanes aux contours géométriques et dont les stries d'une extrême ténuité dessinent une merveilleuse ornementation. Ce sont les disques des *Cyclotelles* (I, 8, 10, 19) les chaînes crénelées des *Melosira* (I, 12) et des *Odontidium* (I, 11), les frustules elliptiques des *Cymatopleura* (I, 6, 23), ou tordues en hélice des *Surirella* (I, 9), les disques des *Campylodiscus* (I, 5) et les fines aiguilles des *Synedra* (I, 15, 16).

Toutes ces plantes minuscules offrent un caractère commun et constant, étrange en raison de l'obscurité du milieu où elles vivent ; elles se parent d'un endochrome fortement coloré qui donne à l'ensemble de l'association de ces organismes une teinte jaune brun brillante et très accentuée.

Isolées, de ci, de là, parmi cette nappe de Diatomées, pointent les curieux filaments bleu verdâtre des Oscillariées (I, 21, 22), qui ondulent dans un lent et perpétuel balancement.

***

Quelles sont maintenant les petites sociétés animales qui vont chercher leur nourriture au milieu de ces sortes de pâturages abyssaux.

Voici que se dressent les arbuscules fragiles des *Fredericelles* (III, 2, 2a) bryozoaires libres, non fixés, qui piquent seulement la base de leur colonie ramifiée dans le limon.

L'immobilité relative de ces êtres permet à des Infusoires pédonculés, les *Epistylis* (III, 3), de s'y accrocher et d'utiliser par commensalisme les particules nutritives qui profitent à leur hôte ; de même que d'autres infusoires : *Vorticella convallaria* (IV, 7, 8) emploient la même association biologique vis-à-vis des Ostracodes dont la carapace leur sert de support.

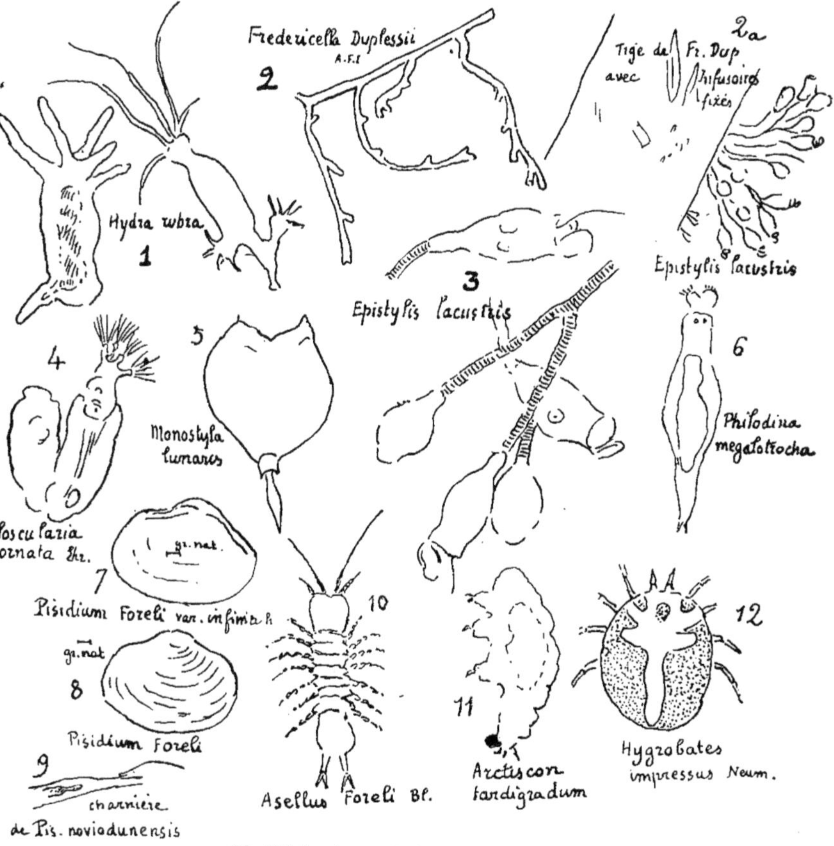

Pl. III. La faune de la région profonde
(Hydroides, Infusoires, Rotateurs, Tardigrades, Isopodes, Hydrachnides, Mollusques)

Non loin, éclate la tache rouge des *Hydres* (III, 1) étalant leurs bras armés de redoutables nématocystes, fils urticants à crochets, qui se détendent brusquement pour frapper la proie de leur piqûre paralysante.

Escaladant ou contournant les ondulations du terrain, les grands Vers Oligochètes : *Bythonomus* (IV, 1), *Embolocepha-*

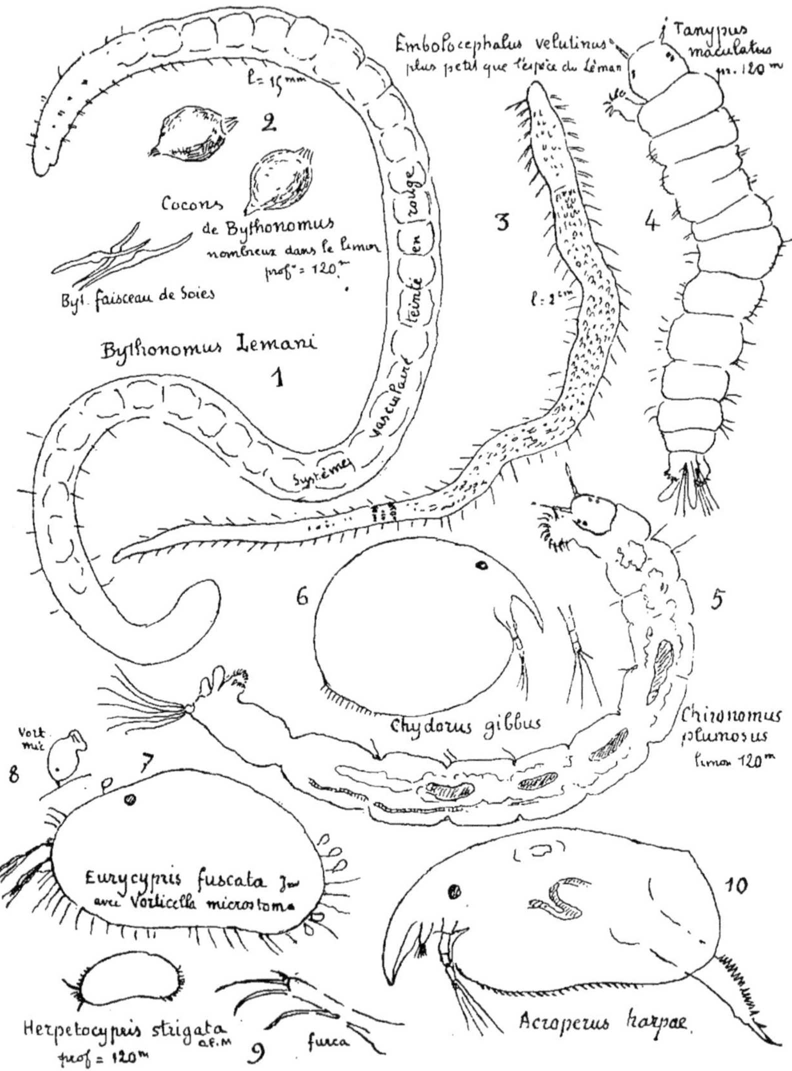

Pl. IV. La faune de la région profonde (Vers, larves de Diptères, Ostracodes)

lus (IV, 3), rampent agilement, déposant au passage leurs coques ovigères noirâtres (IV, 2) tandis que les Planaires, dans une lente progression, fouettent le liquide de leurs cils vibratiles.

A la surface du limon se meuvent lourdement les *Amibes* (II, 3) qui déforment en pseudopodes, pourvoyeurs de la nourriture, leur vivante gelée protoplasmique. Les Rhizopodes (II, 4 à 28), constructeurs de coquilles dont ils se revêtent, ajustent patiemment des matériaux choisis avec un étonnant discernement pour édifier une merveilleuse mosaïque.

A côté, dans le même groupe d'êtres inférieurs, brillent les splendides Heliozoaires (II, 1, 2) qui émettent, en étoiles rayonnantes, du centre de leur plasma, de fines aiguilles aux délicates ciselures.

Dans ces profondeurs se cantonnent et nagent rapidement les rares *Asellus* (III, 10), singuliers crustacés aveugles dont l'œil rudimentaire est réduit à une tache pigmentaire, organe atrophié par suite de l'adaptation de l'animal à la nuit perpétuelle des abîmes.

Un réseau irrégulier de sillons en pointillé est tracé de tous côtés sur le sol : c'est la trace de la marche saccadée des Ostracodes qui projettent rhytmiquement pour s'avancer antennes et pattes en dehors de leur carapace (IV, 7, 9).

Et voici tout un monde étrange : les Tardigrades (III, 11) se traînant lourdement à l'aide de leurs moignons à crochets ; les Hydrachnides (III, 12) *(Hygrobates, Pachygaster, Limnesia)* aux pattes démesurées et au corps bariolé de macules fauves ou nacrées ; les singuliers Rotateurs (III, 4, 6), espèces d'ailleurs toutes littorales, mais entraînées dans les fonds et qui, accrochées à quelque menu grain de sable ou débris végétal, déforment leur corps par extensions et rétractions successives en agitant l'éventail de leurs cils céphaliques.

Du limon sortent encore des Mollusques de taille très réduite (*Pisidium* et *Lymnée)* qui, provenant sans doute d'espèces littorales, se sont définitivement adaptées à ce nouveau milieu (III, 7, 8, 9). Enfin s'échappent périodiquement de la vase les enveloppes nymphales de certains Diptères *(Chironomus, Tanypus)* (IV, 4, 5) dont la phase larvaire se passe toute entière dans les profondeurs.

Parfois le calme impressionnant des grands fonds est brutalement troublé par l'arrivée des grands poissons carnassiers, Ombles-Chevaliers, Truites, Lottes ou encore Perches et Cyprinides, dans leur migration hivernale, dont les ombres gigantesques, indécises dans la lueur crépusculaire, passent impérieuses au-dessus de cette micro-faune qui, en temps ordinaire, constitue la silencieuse population des régions abyssales.

Les Espèces de la Flore profonde.

	PROFONDEURS 45 m.	80 m.	120 m.
Oscillariées. — Oscillatoria amphibia	+		+
Phormidium subfuscum			+
Diatomées. — Navicula affinis v. amphirhychus		+	
Odontidium hiemale	+	+	
Synedra ulna v. longissima		+	
Amphora ovalis	+	+	
Pinnularia viridis		+	
» nobilis(en reproduction)		+	
Pleurosigma acuminatum	+		
Pinnularia Brebissoni		+	
Synedra acus		+	
Gyrosigma attenuatum			+
Synedra tenuis	+		
Epithemia argus	+		
Cymatopleura solea v. acuminata	+		
» elliptica		+	
Surirella biseriata		+	
» norica (form. alp.)		+	
» spiralis		+	
» ovalis		+	
Campylodiscus hibernicus		+	
Cyclotella Kutzingiana		+	
» Bodanica		+	
» operculata v. antiqua			+
» » v. minima		+	
Melosira arenaria		+	

Les Espèces de la Faune profonde (5).

	45 m.	80 m.	120 m.
Rhizopodes. — Amœba proteus	+		
Acanthocystis aculeata	+	+	
Actinosphœrium Eichorni	+		
Campascus minutus*	+		
» triqueter	+		
Centropyxis aculeata	+		
Clypeolina marginata*	+		
Cochlyopodium granulatum	+		
Cyphoderia margaritacea	+		+
» calceolus	+		
» myosurus		+	
» trochus*	+		
Difflugia amphora*	+		
» constricta*	+		
» elegans*	+		
» elongata*	+		
» histrio*	+		
» hydrostatica			

(5) Les espèces marquées * ont été recueillies au Bourget en 1908 par le professeur Penard, de Genève. Toutes les autres proviennent des pêches de l'auteur.

	PROFONDEURS		
	46 m.	80 m.	120 m.
Difflugia lebes		+	
» Lemani		+	
» mamillaris		+	
» pulex*	+		
» pyriformis v. lacustris		+	
Euglypha aspera	+	+	
Gromia Brunneri*	+		
» linearis		+	+
» squamosa	+		
Heleopera petricola v. amethysta	+		
» sabauda*			+
Nebela vitrœa		+	
Phryganella nidulus	+		
Pontigulasia bigibbosa*	+		
» spectabilis*	+		
Pseudo difflugia Archeri*	+		
Hydroïdes. — Hydra rubra		+	+
Vers. — Bythonomus Lemani (et nombreux cocons)			+
Embolocephalus velutinus			+
Dorylaimus stagnalis	+		
Rotateurs. — Monostyla lunaris	+		
Philodina megalotrocha	+		
Floscularia ornata	+	+	
Bryozoaires. — Fredericella Duplessii, avec son commensal Epistylis lacustris	+		
Tardigrades. — Arctiscon tardigradum	+		
Diptères. — Chironomus plumosus			+
Tanypus maculatus			+
Corethra plumicornis	+		
Hydrachnides. — Hygrobates impressus	+		
Pachygaster tauinsignita	+		
Lebertia (sp.)		+	
Ostracodes. — Candona candida			
Cypris minuta			
Eurycypris fuscata, avec commensal : Vorticella microstoma			
Herpetocypris strigata			
Cladocères. — Alona quadrata			+
Chydorus gibbus	+		
Acroperus harpæ	+		
Isopodes. — Asellus Foreli			+
Mollusques. — Pisidium Foreli v. infimum et v. noviodunensis		+	+
Pisidium amnicum	+		+
» Henslowianum			+
» nitidum			+

LES SOCIÉTÉS PÉLAGIQUES

La limpidité des eaux du « lac bleu » du Bourget, dont la somptueuse couleur n'est égalée que par celle des lacs Léman et d'Annecy, semble devoir exclure de ce milieu, à l'exception

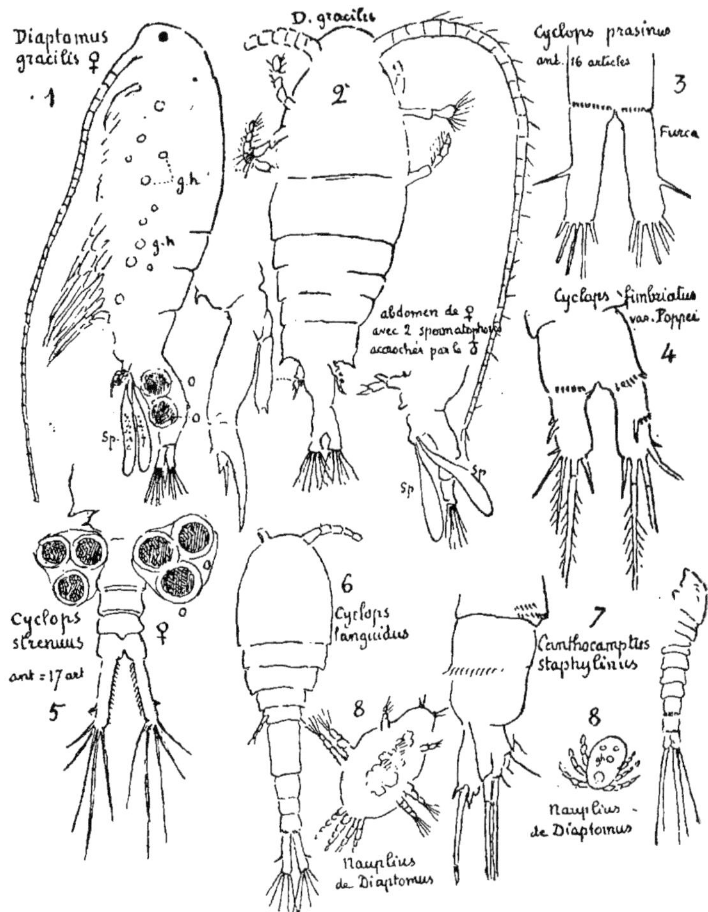

Pl. V. — Les Sociétés pélagiques (Les Copépodes)

des poissons, tous les êtres minuscules dont la prolifération troublerait son extrême pureté.

Si le regard pénètre fort profondément dans l'épaisseur de

ces eaux d'une idéale transparence, sans s'y heurter au moindre obstacle, en réalité la vie s'y multiplie d'une manière intense, partout, à toutes les profondeurs, et ses manifestations sont admirablement adaptées à ce milieu cristallin.

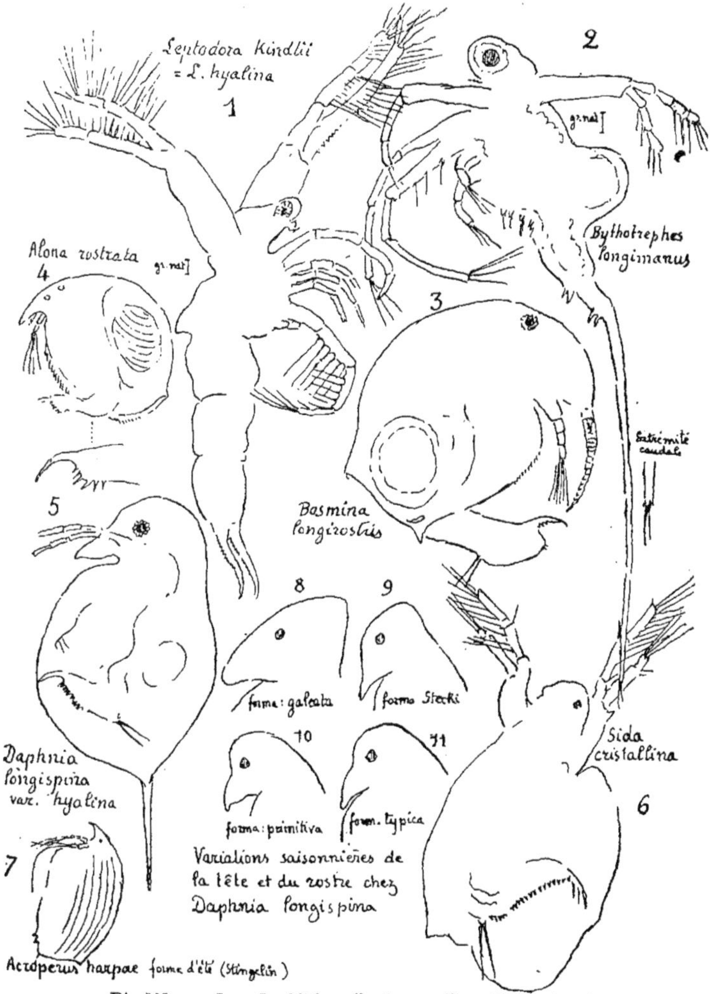

Pl. VI. — Les Sociétés pélagiques (Les Cladocères)

Des animalcules, des plantes extrêmement petites, ou dont l'ordre de grandeur maximum se tient sur la limite où ils sont encore perceptibles à l'œil nu, nagent ou flottent par myriades dans les eaux.

Si on pousse l'investigation jusque dans le domaine microscopique, c'est alors que l'étude des organismes, soit entraînés au gré des courants et des vagues, soit se déplaçant par leurs propres mouvements (flotteurs passifs ou nageurs du *plancton)*, décèle tout un monde des infiniment petits dont l'organisation et la biologie sont fécondes en surprises.

Le Zooplancton. — Voici d'abord de petits crustacés très agiles, progressant par mouvements vifs et saccadés *(Cyclops* et *Diaptomus)* (V, 1, 2-7), bien qu'alourdis parfois par les sacs ovigères et les tubes spermatophores (sp.) qu'ils traînent accrochés à leur abdomen. A certaines époques, les tissus de ces Copépodes sont farcis de gouttelettes d'une huile réfringente rouge orangé ou bleu qui transparaissent sous leur carapace comme des gemmes brillantes (V, 1, gh).

Les Cladocères, animaux bizarres et polymorphes : *Bosmina, Daphnia* (VI, 5, 3), ces derniers déformant suivant les saisons leur tête et leur bec en profils inattendus (VI, 8-11). Ils enclosent leurs œufs d'hiver dans une cavité incubatrice ou les expulsent munis d'une enveloppe très dure (Ephippium) pour résister aux intempéries, tandis qu'à d'autres moments des jeunes déjà développés s'échappent de l'abri maternel pour nager en essaims d'escorte près de leurs parents.

Au milieu d'eux, précédées de leurs longues antennes à fouets, passent les géantes de ce groupe, les merveilleuses *Leptodora* et *Bythotrephes* (VI, 1, 2) aux formes invraisemblables dont le corps bossué par la protubérance de l'œuf énorme s'allonge en crochets ou en un style démesuré.

Comme élément le plus constant du zooplancton apparaissent les Rotateurs explorant l'eau de leurs disques céphaliques dont les franges ciliaires se couchent et se relèvent en ondulations rhytmiques. D'abord la série des nageurs cuirassés, favorisés d'une remarquable transparence : *Triarthra* (VII, 3), *Notholca* (VII, 8) prolongés en avant ou en arrière par de longues épines rigides ; *Anurœa* (VII, 5) revêtus d'une carapace de plaques hexagonales et terminées par une pointe aiguë. Toutes ces espèces charrient avec elles leur œuf parthenogène. Les *Polyarthra* (VII, 4), sacs ovoïdes portant rangées au long du corps des faisceaux d'épines leur servant au saut.

Les ravissantes *Hudsonella* (VII, 2), les *Anapus* (VII, 1) tout lavés de tendres couleurs rosées ou lilacines.

Enfin les *Asplanchna* (VII, 6), sacs dont l'enveloppe hyaline laisse percevoir le lent mouvement des organes intérieurs.

Mêlés aux précédents, viennent se joindre, à titre erratique, les Rotateurs à pied articulé muni de doigts *Monostyla* (VII, 7), *Euchlanys* (VII, 12), *Mastigocerca* (VII, 15) *Cœlopus*

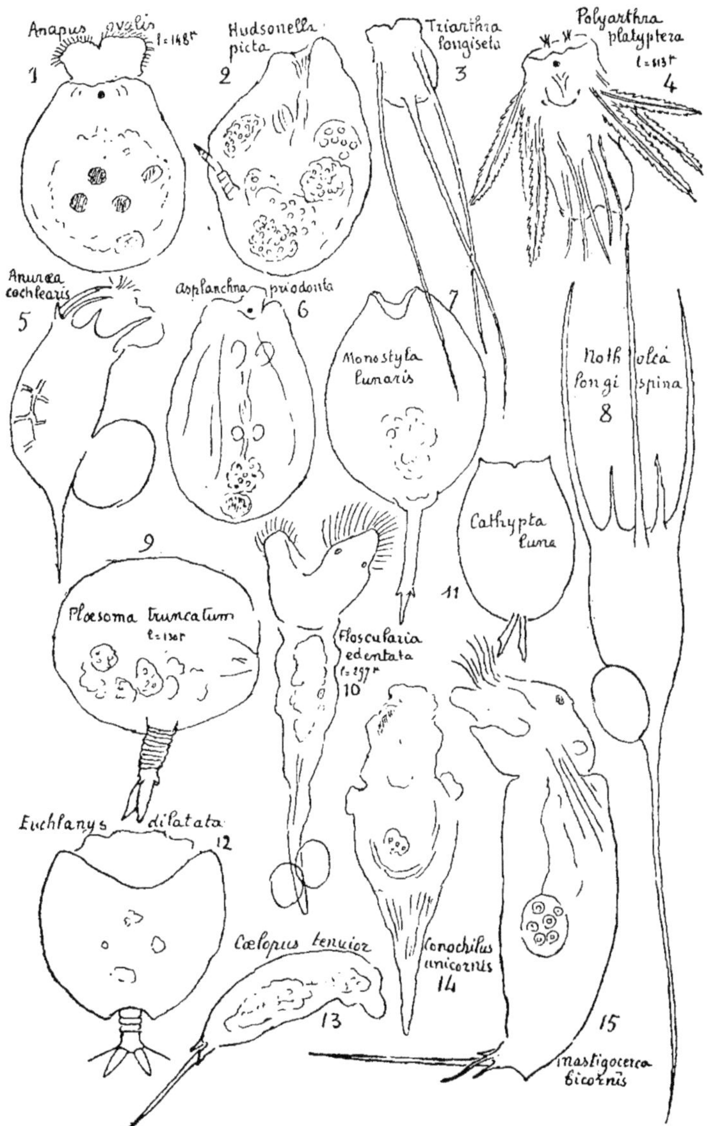

Pl. VII. — Les Sociétés pélagiques (Les Rotateurs)

(VII, 13), *Cathypta* (VII, 11) ; la plupart d'entre eux, enlevés par les vagues aux stations littorales, où ils vivent dans la zone des microphytes, c'est-à-dire des coussinets des algues qui revêtent les cailloux, l'enduit muqueux des tiges des Roseaux et des Joncs.

Des êtres situés au bas de l'échelle animale, les Protozoaires, errent souvent dans le plancton. Ce sont les élégantes masses protoplasmiques des Héliozaires: *Acanthocystis* (VIII, 1, 2). *Actinophrys* (VIII, 4) auréolées de la couronne de leurs délicates aiguilles rayonnantes ; les Infusoires : Acinètes (VIII, 8) aux tentacules rigides dressées, véhiculées par les Copépodes sur lesquels ils se fixent ; les *Coleps* (VIII, 11), les *Holophrya* (VIII, 9) profitant par commensalisme de l'activité des échanges respiratoires d'algues vertes monocellulaires ; enfin les *Vorticella* (VII, 14) en mouvement rhytmique perpétuel sur leurs pédoncules contractiles en ressort, s'accrochant aux rubans des Fragilaires (IX, 1), aux chapelets entortillés des *Anabœna* (X, 4).

Certains Rhizopodes qui vivent normalement en grand nombre dans les ténèbres de la région profonde, s'en échappent souvent pour venir se joindre aux sociétés planctoniques. Masses amorphes, allongeant des prolongements protoplasmiques (pseudopodes) destinés à saisir les petites proies et à les digérer, ces êtres rudimentaires manifestent une singulière faculté organisatrice. Architectes incomparables, ils édifient patiemment une coquille : mosaïque minutieusement ajustée de particules minérales choisies avec un discernement judicieux et fixent de place en place à la surface des frustules vides de Diatomées (*Cyclotelles)* (VIII, 7) qui vont faire l'office de minuscules bouées dans le but de procurer à l'animal un appareil hydrostatique parfait qui assurera sa flotabilité.

Enfin arrivent à la surface, parmi toute cette poussière vitale, les pupes et larves de Diptères : les Corethra (VIII, 12, 13) dont le corps d'une transparence absolue réalise un engin de flottaison par le moyen de quatre vessies aériennes sous cutanées ; les enveloppes nymphales d'Ephémérides, les larves trochosphères de Mollusques (VIII, 15) et celles des Hydrachnides (VIII, 16).

Et tous ces organismes errants peuvent être considérés comme ayant une finalité déterminée, car ils constituent l'élément nécessaire à l'alimentation des jeunes poissons et des Corégones qui chassent sans répit au travers de la masse des eaux à toutes les profondeurs et qui consomment d'énormes quantités de plancton.

Le Phytoplancton. — Parmi cette population innombrable du zooplancton s'organisent également des sociétés végétales errantes (Diatomées, Peridiniens, Algues vertes) qui

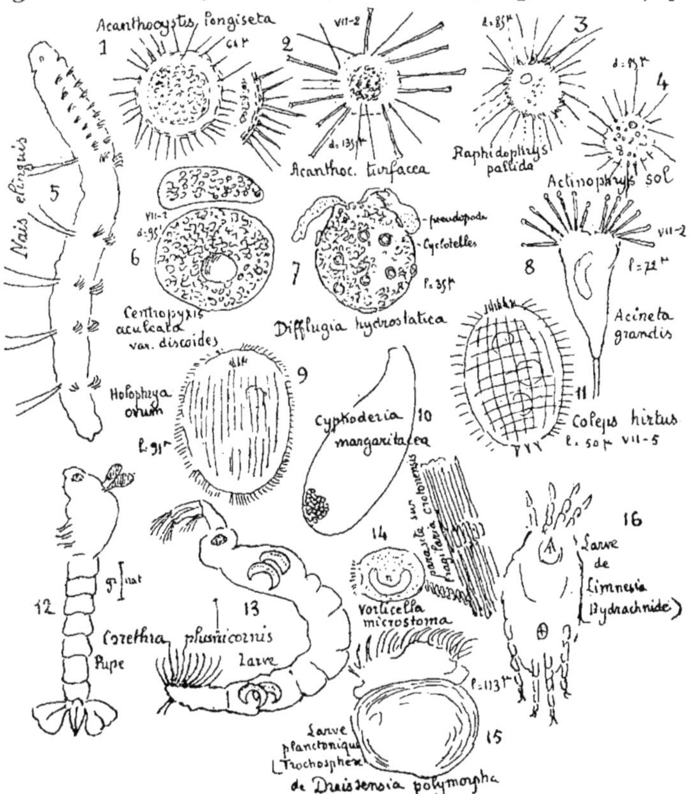

Pl. VIII. — Les Sociétés pélagiques (Rhizopodes, Héliozoaires, Infusoires, Larves)

vont servir de nourriture à ce petit monde animal qui circule dans ces pâturages flottants.

Le phytoplancton joue en outre un rôle des plus importants dans le cycle biologique des lacs en contribuant par sa fonction respiratoire et les échanges gazeux à maintenir l'eau à un titrage constant en oxygène dissous.

Trois groupes dominent dans le plancton végétal dont la plupart des espèces sont hautement organisées en vue de la flottabilité. Ce sont les Diatomées, les Peridiniens et les Chlorophycées. — Les premiers prolifèrent parfois en quantité si prodigieuse que l'eau qui les contient, observée dans un flacon, paraît trouble et jaunâtre.

Dans ce règne des Diatomées se manifestent les organisations géométriques, les formes symétriques par rapport à l'axe de figure de l'agencement morphologique, suivant le principe du *moindre effort* dans l'adaptation au milieu où ces êtres doivent vivre.

Qu'est-ce en effet que ce milieu, sinon un fluide soumis aux variations climatiques de température et de pression et par conséquent de densité variable, par suite de son réchauffement en été et de son refroidissement en hiver ?

Or, ces organismes doivent venir à la surface pour y chercher l'énergie lumineuse nécessaire à leur activité biologique. Le procédé qu'emploient les Diatomées pélagiques est simple : elles élargissent ou réduisent leur surface de sustentation.

Les élégantes *Asterionelles* (IX, 18-22), les joyaux de ce petit monde, font rayonner leurs frustules en étoile à huit branches autour d'un centre commun en les fixant par leur base au moyen d'une goutte de gelée. Ces Diatomées montrent des variations saisonnières assez sensibles de longueur et d'agencement. Suivant la densité de l'eau, elles augmentent le nombre et la longueur de leurs éléments en été. Elles les raccourcissent ou en diminuent le nombre en hiver parfois jusqu'à quatre seulement disposés crucialement (IX, 21). Si la densité de l'eau diminue, les Asterionelles réalisent la surface optima de flottaison en groupant leurs baguettes en formation serrée et souvent suivant une surface gauche hélicoïdale (IX, 22).

D'autres Diatomées, les *Fragilaires*, accolent leurs baguettes en forme de peigne et déroulent des rubans plus ou moins longs suivant les saisons, où l'on peut compter jusqu'à 300 individus : *Fragilaria crotonensis, Fr capucina, Fr. mutabilis* (IX, 2, 3, 5).

Les *Tabellaria* (IX, 4, 6), les *Diatoma* (IX, 11, 12) secrètent un petit coussinet mucilagineux qui relie chaque frustule par un angle. Elles disposent leurs éléments en zig-zag ou en étoile incomplète.

Les *Cyclotelles* (IX, 7, 8, 9), disques étincelants, tachés de fauve en leur centre, voguent isolées ou bien soudées en longues chaînes incluses dans un tube gelifié : *Cyclotella comta* (IX, 8), ou pelotonnées en écheveau lâche : *C. melosiroides* (IX, 7).

Les longues aiguilles libres des *Synedra* sont flottantes (IX, 1) partout dans les eaux tandis que les espèces parasites de cette famille hérissent de faisceaux aigus, adhérents par un coussinet muqueux, les algues vertes filamenteuses flottantes.

Enfin le *Meridion* (IX, 17), forme littorale qui s'accommode souvent de la vie pélagique, laisse bercer au gré des vagues le magnifique éventail perlé de ses frustules agglomérées.

Voici maintenant des êtres qui offrent un aspect des plus étranges. Ce sont les Peridiniens, organismes armés d'un fouet

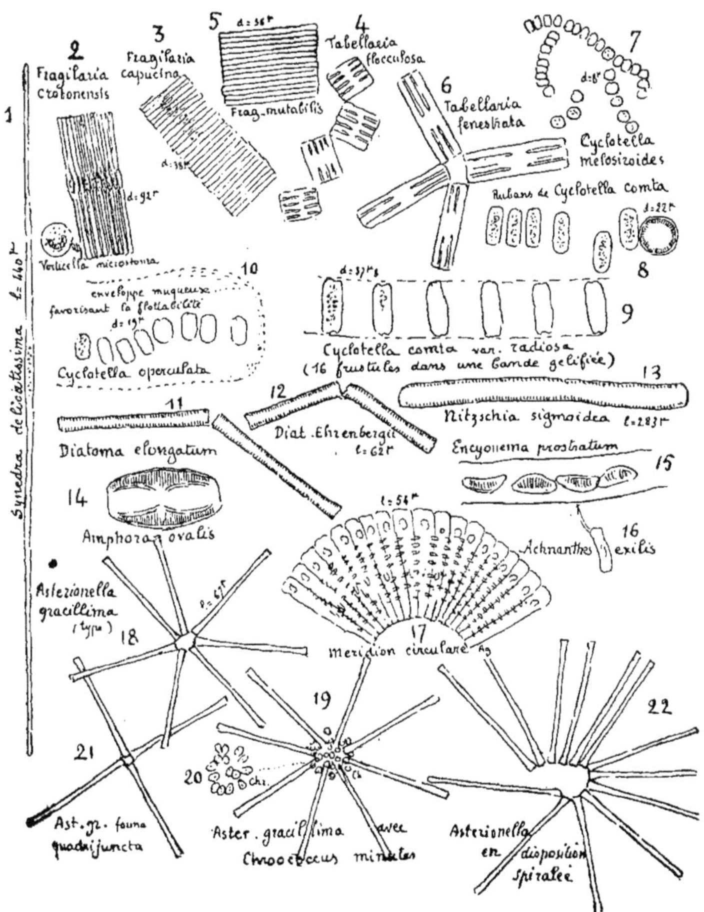

Pl. IX. — (Les Sociétés pélagiques Les Diatomées)

mobile et cuirassés d'une carapace prolongée en cornes ténues : *Ceratium hirundinella* (X, 15) ou massives : *C. cornutum* (X, 16). Ils se déplacent avec agilité en exécutant une série de culbutes.

Chez ces êtres, on constate un polymorphisme saisonnier assez marqué. Les cornes s'allongent et s'écartent plus ou moins de l'axe ; les postérieures varient de longueur, de nombre et surtout d'angle de divergence (X, 15 a-f et 16 a-e). Ces êtres peuvent s'adapter aux conditions de milieu les plus extrêmes en se mettant en état de vie ralentie par la formation de kystes recouverts d'une dure carapace d'où sortira plus tard l'individu (X, 15 b).

D'autres êtres de ce groupe des Flagellés s'étalent en arbuscules délicats d'une extrême transparence qui ne se décèlent que par la masse brune du plasma interne *Dinobryons* (X, 12, 13, 14), parmi lesquels *Peridinium* et *Glenodinium* (X, 9, 10 11) roulent leurs sphères cuirassées et glissent les *Mallomonas* hérissés de cils rigides (X, 7).

Les Chlorophycées (algues vertes) sont bien représentées dans le phytoplancton. C'est chez elles que l'on rencontre les plus remarquables adaptations à la vie flottante.

Des cellules chlorophylliennes sont incluses dans des sphères gélatineuses emboîtées elles-mêmes dans une enveloppe commune pour former les belles colonies de *Sphærocystis* (XI, 3), des *Oocystis* (XI, 1), des *Glœocystis* (XI, 19). Cette gelée, secrétée par la plante, augmente le volume de l'algue et constitue pour elle un appareil hydrostatique des plus efficaces.

Les *Bothryococcus* (XI, 2) amas de cellules vertes en grappes, secrètent dans certaines circonstances à la suite, par exemple d'une longue période de temps très ensoleillée, une huile rouge qui imprègne tout le réseau de la colonie et qui sert en tant qu'écran coloré à protéger le végétal contre l'action très violente de l'insolation (6).

Merveilleuse faculté chez une algue inférieure qui semble avoir trouvé, dans la lutte pour l'existence, le procédé du photographe préservant, par l'intervention d'un écran rouge, sa plaque sensible contre l'action chimique des rayons lumineux : ou plutôt manifestation admirable du prévoyant pouvoir organisateur et conservateur de la vie.

Les flocons des Conjuguées filamenteuses vertes acquièrent une sensible facilité de flottaison par le dégagement des bulles gazeuses résultant des échanges respiratoires de ces algues (XI, 6-12, 21).

Ce phénomène de production de nombreuses bulles d'oxygène se constate facilement dans les plaques brunes des Oscillarées. Ces humbles plantes, *Oscillatoria limosa, O. rubescens, O. prolifica* (X, 1, 2, 3), qui parfois pullulent jusqu'à donner

(6) R. Chodat. *Etudes de biologie lacustre,* Genève, 1898.

aux eaux une coloration marquée, sont arrachées aux fonds littoraux et, dissociées, montent à la surface où vont flotter leurs filaments doués d'une mystérieuse mobilité.

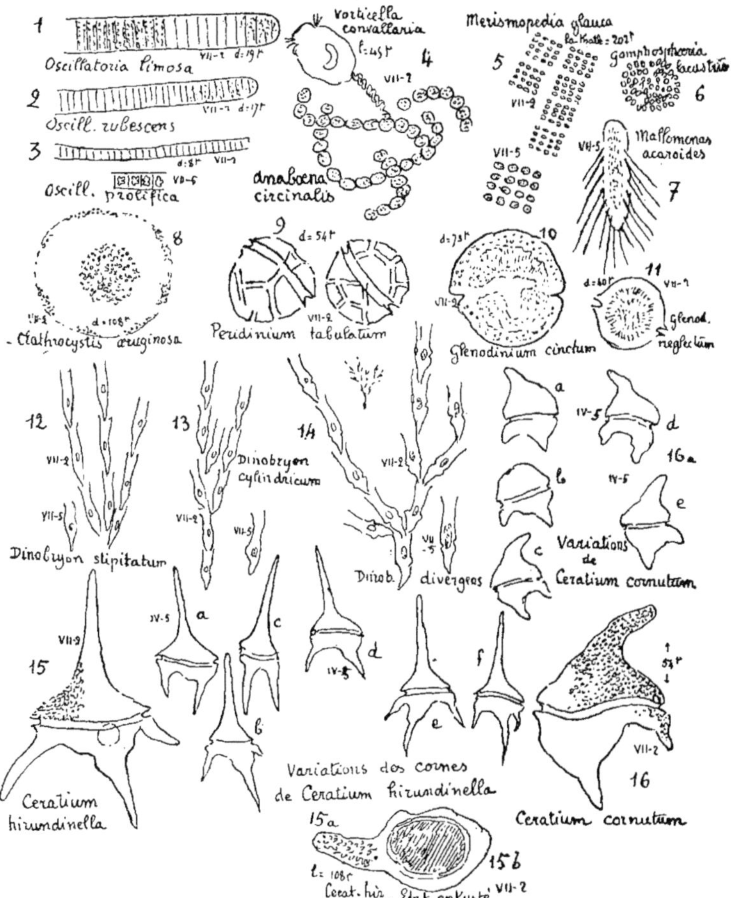

Pl. X. — Les Sociétés pélagiques (Les Schizophycées, les Péridiniens)

Enfin, d'autres algues bleues, les *Anabœna* (X, 4) associent en chapelet leurs cellules criblées de vacuoles où se développe un certain gaz (une amine, d'après Chodat), elles viennent flotter dans les eaux superficielles en entraînant leur habituel infusoire commensal : *Vorticella convallaria* (X, 4). Dans le même groupe, les *Merismopedia* (X, 5) s'organisent en colonies de cellules associées en grand nombre pour former des rectangles d'une parfaite régularité noyés dans un coussinet muqueux.

Migrations journalières. Périodicité.

Un certain nombre d'animaux et de plantes se rencontrent presque en tout temps dans le plancton. D'autres apparaissent ou disparaissent à certains moments de l'année. Il existe à cet égard une périodicité bien marquée. Les uns sont très *abondants* en été ; les autres passent par *deux maxima* de valeur inégale soit au printemps, soit en automne.

A côté des éléments *eu-pélagiques*, c'est-à-dire n'existant que dans le plancton, on en rencontre un certain nombre, habituellement cantonnés dans les profondeurs (Diatomées et Rhizopodes) qui sont lentement amenés à la surface par les courants de convection et, en mélange avec celles-ci, quelques espèces du littoral entraînées au large.

Certains animaux pélagiques, les Entomostracés (Copépodes et Cladocères), exécutent dans la masse des eaux des *migrations verticales journalières* : mouvements ascensionnels et de descente alternatifs qui se produisent rhytmiquement.

Ainsi, le matin, *Copépodes* et *Calanides* montent à la surface mêlés aux algues planctoniques : *Botryococcus* et *Anabœna.* D'autre part, les pêches de nuit indiquent l'absence presque absolue des Copépodes ; en revanche, les *Cladocères* qui commencent au crépuscule leur mouvement ascensionnel dominent seules à la surface pendant la nuit et parmi eux les admirables *Leptodora* et *Bythotrephes* qui sont rares pendant le jour.

Les formes larvaires, *Nauplius* et *Metanauplius,* sont également très abondantes pendant la nuit. Il semble d'ailleurs que l'émission des jeunes chez les Cladocères se produit surtout à la faveur de l'obscurité.

La plupart des êtres pélagiques sont étroitement adaptés aux conditions du milieu très transparent des eaux du lac. Leur corps laisse presque complètement passer la lumière. A peine si la tache noire pigmentaire de leurs yeux, les gouttelettes vivement colorées de leurs tissus, l'imperceptible traînée de leur tube digestif, permettent de les déceler au repos, tandis que favorisant leur fuite rapide, la réfringence parfaite de leur corps procure à ces animaux une protection efficace contre les attaques de leurs ennemis.

La périodicité du Plancton.

Des pêches ont été effectuées chaque mois de jour et de nuit au lac du Bourget, et chacune dans des conditions iden-

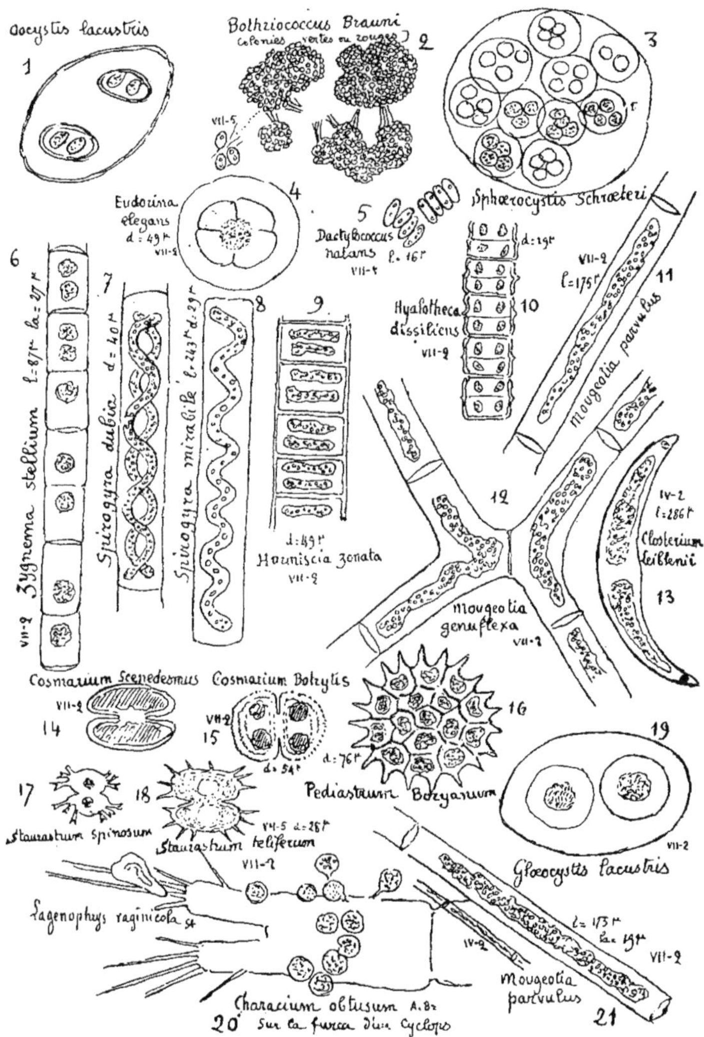

Pl. XI. — Les Sociétés pélagiques (Les Chlorophycées)

tiques, afin que les résultats en soient le plus possible comparables en vue de l'évaluation qualitative et quantitative du plancton.

Le journal mensuel des pêches établi en 1913, 1914, 1917 et 1918 a permis de dresser les tableaux suivants relatifs à la périodicité du plancton (7).

Phytoplancton - Périodicité

DIATOMÉES	I	II	III	IV	V	VI	VII	VIII	IX	X	XI	XII
Cyclotella comta	▬	=	—	▬	=	—	▬	=	=		▬	
— bodanica					=			—				
— melosiroides	—				▬	—	=	▬		=	=	
Fragilaria crotonensis	=	▬	▬	=	—	—	—	=	=	▬	▬	▬
— capucina	=	▬	=									=
— mutabilis	=		=	—		—						
Tabellaria flocculosa		—	—						—	—	=	
— fenestrata			—		=							
Synedra delicatissima	▬	▬		—	▬	....	—					
— acus		=		=	▬							
Asterionella gracillima	—	▬		—	▬	▬	▬	....	=		▬	=
Cymatopleura elliptica	=	▬	—	—	—	....						
— solea		—	—	—				—				
— apiculata		—		—								—
Surirella biseriata								—				—
— spiralis												—
Diatoma elongatum		—	—	=	—	....						=
— Ehrenbergii		—		=		—						—
Meridion circulare			▬									
Pleurosigma attenuatum			....									
Encyonema prostratum			....									
Pinnularia viridis						—		—				
Synedra ulna amphirhynchus						—					—	
Amphora ovalis			....					—				
Nitzschia sigmoidea			....									

SCHIZOPHYCEES	I	II	III	IV	V	VI	VII	VIII	IX	X	XI	XII
Oscillatoria rubescens	—										—	
— prolifica								....				
— limosa				....				....	▬	▬		
Chroococcus minutus		....		....					=			
Merismopedia glauca						....	—	—		—		
Gomphosphœria lacustris		—	—	—		....				—	—	—
Anabœna circinalis	—	....	....	....								—
Chlathrocystis œruginosa				▬								

(7) Les mois sont indiqués par des chiffres romains dans les colonnes. — Fréquence des espèces : Dominants ▬ ; Nombreux = ; Disséminés — ; Rares ....

FLAGELLATES (Péridiniens)	I	II	III	IV	V	VI	VII	VIII	IX	X	XI	XII
Ceratium hirundinella....	—	=	=	▬	=	▬	—	▬	▬	▬	▬	▬
— cornutum.......							▬	....		....	....	
Peridinium tabulatum ...		....			▬	=	—	—	▬	▬	=	....
Glenodinium cinctum....						....				=	=	
— neglectum...							—			=		
Dinobryon divergens	—	—	—	▬	—	—	....		=	=	▬	=
— stipitatum ...		—	—			—			=	—		=
— cylindricum ..					=	—						=
Mallomonas acaroides				—								....

CHLOROPHYCEES	I	II	III	IV	V	VI	VII	VIII	IX	X	XI	XII
Scenedesmus quadricauda	=											
Pediastrum Boryanum...		—				—			—			=
Bothryococcus Brauni....	=					▬	▬				=	
Sphœrocystis Schrœteri ..	—	—	—	=	▬	=	=			—	=	
Oocystis lacustris........					—	—	=					
Closterium Leiblenii.....					—				—			
Cosmarium botrytis......									—			
— scenedesmus.											—	
Spirogyra dubia.........								....				
— mirabilis		....										
— fluviatilis		....				—		—				
Zygnema stellium					—			▬				
Dactylococcus natans....					▬	=	—					
Mougeotia genuflexa.....								....				
Mougeotia parvula......								....	—	—		
Hormiscia zonata.......							- -					
Hyalotheca dissiliens....		—		....								
Eudorina elegans........							....					

Zooplancton - Périodicité

ROTATEURS	I	II	III	IV	V	VI	VII	VIII	IX	X	XI	XII
Anurœa cochlearis	—	····	=	▬	▬	—		=	▬	=	▬	▬
— aculeata								····				
Notholca longispina	=	—	—	=	▬	▬	=	—			=	=
Asplanchna priodonta	▬	=	—	=	=	=	=	····		····	=	▬
Polyarthra platyptera	=	····	····	—		▬	=	=	▬	▬	····	
Hudsonella picta		—	····	····	=				=	=	—	▬
Notholca striata						····						
Triarthra longiseta	▬	▬	····	—		—	=					
Monostyla lunaris									····			—
Anapus ovalis				—	=	=	▬	—	=	=	▬	
— testudo							—					
Conochilus unicornis											—	
Euchlanys dilatata									=			
Plœsoma truncatum									=			
Metopidia solidus									=			
Floscularia edentata							····					
Mastigocerca bicornis						—	=	=	—	—		
Cathypna luna							=					
Cœlopus tenuior							—	=				

COPEPODES ET CLADOCERES	I	II	III	IV	V	VI	VII	VIII	IX	X	XI	XII
Cyclops fimbriatus				=			—	····				▬
— prasinus					=		—	····		=		
— strenuus	—	····				▬					····	
— C. Leuckarti	—	—	—	—								
— diaphanus			····				—	—	····			
— languidus				=					=		▬	
Canthocamptus staphylinus			····					····				
Diaptomus gracilis	▬	▬	▬	▬	=	—		····	▬		—	▬
— laciniatus	—	—	—	—	=	—		····	—		—	▬
Nauplius de Copépodes		▬	▬		=	—	▬	=		=	=	
Daphnia longispina		▬			—	—	▬	▬	▬	=		—
Diaphanosoma brachyurum		—					—	—	▬			
Sida cristallina	=								▬		—	
Bosmina longirostris	▬	▬	····		—	—	▬	▬	—	=	▬	▬
Simocephalus vetulus								—				
Acroperus harpae			····			····		=	=			
Alona rostrata								····				
Leptodora Kindtii								▬	▬			
Bythotrephes longimanus		=									=	

RHIZOPODES, INFUSOIRES	I	II	III	IV	V	VI	VII	VIII	IX	X	XI	XII
Acanthocystis spinifera ..		....			—		—			....		
— longiseta ..	....						—					
— aculeata ..							—					
Difflugia hydrostatica.....					—	—	—	....		—		
Cyphoderia margaritacea.					—						....	
Centropyxis aculeata....												....
Vorticella convallaria ...	═	▬	▬	═						▬		═
Coleps hirtus		....										
Holophrya ovum.........		....										
Acineta grandis						....						
OLIGOCHETES												
Nais elinguis............		....										
LARVES												
L. d'hydrachnides	—							....				═
L. trochosphères.........							═	═			—	
L. et pupes de Diptères .												
L. d'ephémerides.........									═			

Quantités relatives de Plancton.

Il résulte de dosages effectués, pendant environ quatre années, que la quantité de plancton varie au lac du Bourget dans d'assez fortes limites au cours des saisons. — Les quantités mesurées sont notablement inférieures par exemple à celles du Léman ; elles concordent à peu près avec celles du lac d'Annecy. Il semble que le Plancton, au Bourget, passe par deux maxima : en avril avec 17 c. cubes et en octobre avec 11 c. cu-

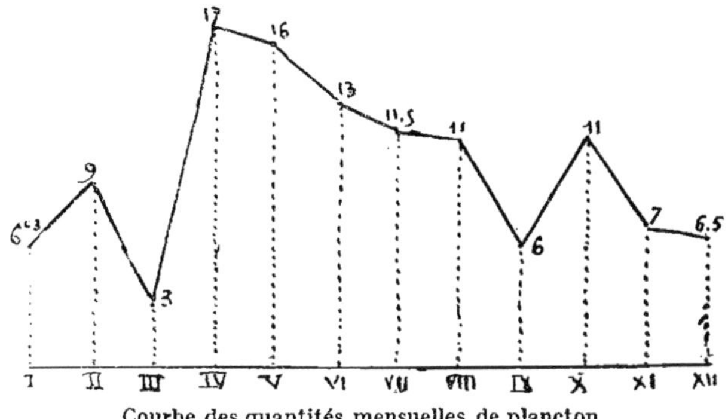

Courbe des quantités mensuelles de plancton

bes pour marquer un fléchissement sur deux minima relatifs qui se situent en mars avec 3 c. cubes et en septembre avec 6 c. cubes.

Cette notion des maxima et minima correspond dans l'ensemble avec celle fournie par les recherches effectuées dans les autres lacs.

Les Espèces Planctoniques.

Parmi les espèces qui composent le plancton, les unes sont exclusivement adaptées à la vie flottante *(esp. pélagiques)* ; elles se retrouvent en tout temps, passant, suivant les saisons, par des maxima et des minima, ceux-ci tendant à la disparition presque complète. D'autres y arrivent accidentellement *(esp. erratiques)*, étant des formes littorales entraînées dans la grande circulation du lac, par le mouvement des eaux (ex. : *Meridion circulare*, qui en mars 1918 était absolument dominant). Enfin, d'autres organismes *(esp. de fond)* montent à la surface, en hiver surtout, sous l'influence des imperceptibles courants de convection, que nous avons notés.

I. — PHYTO-PLANCTON.

Diatomées. — *Espèces pélagiques:* Cyclotella comta, C. Bodanica, C. melosiroides, Fragilaria crotonensis, F. capucina, F. mutabilis, Tabellaria fenestrata, Asterionella gracillima, Synedra delicatissima, Diatoma elongatum, D. Ehrembergii.

Espèces erratiques : Tabellaria flocculosa, Synedra ulna, S. acus, Surirella biseriata, Meridion circulare, Pleurosigma attenuatum, Encyonema prostratum, Pinnularia viridis, Amphora ovalis, Nitzchia sigmoidea.

Espèces de profondeur : Surirella spiralis, Cymatopleura elliptica, C. solea, C. apiculata.

Schizophycées. — *E. pélagiques:* Gomphosphœria lacustris, Anabœna circinalis, Clathrocystis œruginosa, Chroococcus minutus, Oscillatoria rubescens.

E. Erratiques : Oscillatoria prolifica, O. limosa.

E. de profondeur : Merismopedia glauca.

Péridiniens. Flagellates. — *E. pélagiques* : Ceratium hirundinella, C. cornutum, Peridinium tabulatum, Glenodinium cinctum, G. neglectum, Dinobryon divergens, D. sipitatum, D. cylindricum, Mallomonas acaroides.

Chlorophycées. — *E. pélagiques :* Sphœrocystis Schrœteri, Oocystis lacustris, Dactylococcus natans, Mougeotia parvulus, Botryococcus Brauni, Scenedesmus quadricauda.

E. erratiques : Pediastrum Boryanum, Closterium Leiblenii, Cosmarium botrytis, C. scenedesmus, Spirogyra dubia, S. mirabilis, S. fluviatilis, Zygnema stellium, Mougeotia genuflexa, Hormiscia zonata, Hyalotheca dissiliens, Eudorina elegans.

II. — ZOO-PLANCTON.

Rhizopodes. Infusoires. — *Espèces pélagiques:* Acanthocystis spinifera, A. longiseta, A. aculeata, Difflugia hydrostatica, Vorticella convallaria.

E. erratiques : Coleps hirtus, Holophrya ovum, Acineta grandis.

E. de profondeur : Cyphoderia margaritacea, Centropyxis aculeata.

Rotateurs. — *Esp. pélagiques :* Anurœa cochlearis, A. aculeata, Notholca longispina, Asplanchna priodonta, Polyarthra platyptera, Hudsonella picta, Notholca striata, Triarthra longiseta, Mastigocerca bicornis, Anapus ovalis, A. testudo.

Esp. erratiques : Monostyla lunaris, Conochilus unicornis, Euchlanys dilatata, Plœsoma truncatum, Metopidia solidus, Floscularia edentula, Cathypna luna, Cœlopus tenuior.

Entomostracés. — *E. pélagiques :* Cyclops fimbriatus, C. prasinus, C. strenuus, C. diaphanus, C. Leuckharti, Diaptomus gracilis, D. laciniatus, Daphnia longispina, Diaphanosoma brachyurum, Sida cristallina, Bosmina cornuta, Acroperus harpae, Leptodora Kindtii, Bythotrephes longimanus.

E. *erratiques :* Cyclops languidus, Canthocamptus staphylinus, Alona rostrata.

Larves d'Entomostraçés. — Nauplius.

Larves de Diptères. — *Esp. pélagiques :* Corethra plumicornis.

E. erratiques : Chironomus plumosus.

Larves d'Hydrachnides. — Atax crassipes, Nœsea, Hygrobates.

Larves de Mollusques. — Trochosphères de Dreissensia (Lamellibranche très abondant, en bancs, au Bourget).

Parmi les éléments accessoires du Plancton : le Pseudo-plancton ou Pleuston (Schrœter), il faut signaler au printemps et en été, de nombreux poils épidermiques doublement étoilés, qui forment le tomentum des jeunes feuilles des Platanes ; les grains de pollen des Conifères qui sont parfois en telle abondance qu'ils donnent à l'eau une teinte soufrée ; les Zygospores d'algues. Quelques champignons inférieurs font aussi exceptionnellement partie du pseudo-plancton : les *Leptothrix* dont les poils hyalins hérissent les algues filamenteuses flottantes ; et les houppes blanches d'*Achlia ferax* qui constituent la maladie épidermique, dite la Mousse, de quelques Cyprinides.

La Périodicité des Espèces Planctoniques.

En dépouillant les notes relatives aux pêches mensuelles, on constate que la valeur *qualitative* du Plancton varie, au cours de l'année, dans de notables proportions. A côté d'espèces *permanentes* qui figurent, à peu près en tout temps, dans le plancton, certaines formes sont *temporaires*, c'est-à-dire qu'elles deviennent progressivement et souvent brusquement dominantes, pour diminuer ensuite et disparaître ou ne laisser subsister que de rares individus.

Il y a donc là une certaine périodicité dont l'allure est différente suivant que l'on considère séparément les groupes du Phyto ou du Zooplancton.

I. — PHYTO-PLANCTON.

Diatomées. — Les *Cyclotelles* acquièrent leur plus grand développement depuis octobre jusqu'à avril. On constate un autre maximum plus faible en juillet et en août. Il en est de même des *Fragilaires* qui pullulent à la même époque. Les *Synedra* ont leur maximum de janvier à mai.

Les *Asterionelles* sont toujours présentes dans le phytoplancton. Il y a toutefois un maximum en mai, juin, juillet et un deuxième en janvier et février.

Diatoma elongatum, D. Ehrembergii ont leur maximum en décembre, février, mars, avril, *Surirella :* max. en décembre. *Meridion circulare, Nitzchia sigmoidea :* max. mars. *Cymatopleura elliptica, C. solea, C. apiculata :* max. février, mars, avril. *Surirella biseriata, S. spiralis :* max. décembre.

Schizophycées. — Les *Oscillatoria rubescens*, amenés à la surface par les courants de convection, ont leur maximum en hiver. *Anaboena circinalis* : max. de janvier à mai. *Clathrocystis* : max. avril.

Peridiniens. Flagellates. — *Ceratium hirundinella* a son max. de juin à décembre, tandis que *C. cornutum* présente son max. en juillet. *Dinobryon divergens* a deux maxima, l'un en avril, l'autre de septembre à janvier. Il en est de même des deux autres espèces *D. stipitatum, D. cylindricum. Mallomonas acaroides* se rencontre en décembre et avril.

Chlorophycées. — *Sphærocystis Schrœteri* et *Oocystis lacustris* ont leur max. en mai, juin, juillet. *Pediastrum Boryanum* : max. décembre ; *Botryococcus Brauni* : max. juin, juillet. *Dactylococcus natans* : max. mai, juin. Les autres Chlorophycées filamenteuses semblent être en plus grand nombre dans le plancton depuis avril jusqu'à octobre.

II. — ZOO-PLANCTON.

Rhizopodes. Infusoires. — *Acanthocystis* : max. juin, juillet. *Difflugia margaritacea* : max. juin, juillet. *Vorticella convallaria* : en commensalisme avec *Fragilaria crotonensis* en février, mars, avril et aussi en octobre.

Rotateurs. — *Anurœa* : max. de septembre à décembre. *Notholca* : 1er max. avril, mai, juin ; 2e max. décembre, janvier. *Asplanchna* : max. décembre, janvier. *Polyarthra* : 1er max. juin ; 2e max. octobre. *Triarthra* : max. septembre, octobre, novembre. *Hudsonella* : max. septembre à fin décembre. *Mastigocerca* : max. juillet, août, septembre.

Entomostracés. — *Cyclops fimbriatus* : max. décembre. *C. strenuus* : 1er max. juin ; 2e max. décembre, *C. languidus* : max. novembre. *Diaptomus gracilis* : 1er max. décembre, janvier, février ; 2e max. mars, avril. *Daphnia hyalina* : max. juillet, août, septembre. *Bosmina cornuta* : 1er max. juillet, août ; 2e max. décembre à février. *Leptodora* : max. août, septembre. *Bythotrephes* : max. février.

Larves d'Entomostracés. — 1er max. février, mars ; 2e max. juillet, août.

Larves d'Hydrachnides, de Diptères, de Mollusques. — Max. août, septembre.

Associations végétales et Sociétés pélagiques saisonnières.

I. — PHYTO-PLANCTON.

Hiver. — Caractérisé par l'abondance des Diatomées : Cyclotella, Fragilaria, Synedra, Asterionella, Diatoma, Surirella, puis Oscillatoria, Pediastrum, Mallomonas.

Printemps. — Meridion circulare, Cymatopleura, Dinobryon, Anabœna, Clathrocystis, Dactylococcus.

Eté. — Les deux Ceratium, Sphœrocystis, Oocystis, Botryococcus, Chlorophycées filamenteuses.

Automne. — Ceratium hirundinella, Dinobryon (les 3 espèces), Chlorophycées filamenteuses.

II. — ZOO-PLANCTON.

Hiver. — Notholca, Asplanchna, Triarthra, Cyclops fimbriatus, C. strenuus, C. languidus, C. Leuckharti, Diaptomus gracilis, Bosmina, Bythotrephes.

Printemps. — Notholca, Cyclops strenuus, Diaptomus gracilis.

Eté. — Acanthocystis, Difflugia hydrostatica, Polyarthra, Mastigocerca, Daphnia, Bosmina, Diaphanosoma, Leptodora, Larves d'Hydrachnides, de Diptères, de Mollusques.

Automne. — Anurœa, Polyarthra, Anapus, Hudsonella.

En comparant la composition *qualitative* du plancton du lac du Bourget à celui de son voisin le lac d'Annecy (9), on constate des différences assez sensibles pour les mêmes espèces, dans la position des maxima et des minima. Des espèces saisonnières apparaissent ou disparaissent sous l'influence de causes encore indéterminées.

Les organismes sont en effet soumis à des facteurs de natures très diverses, biologiques ou physiques, dont les actions se combinent et se pénètrent à l'infini et qui, en somme, sont fonction d'éléments et d'énergies qui échappent à nos investigations.

D'autre part, la distribution *quantitative* de plancton présente de tels écarts, qu'il est difficile de déduire les lois qui la régissent. Quelle est la raison, par exemple, de ces amas d'or-

(9) Marc Le Roux. *Recherches biologiques sur le Lac d'Annecy*, 1907.

ganismes, des « chemins de plancton » que le filet traverse ? Pourquoi ces apparitions brusques, cette étonnante prolifération qui arrive à donner aux eaux une senteur particulière : l'odeur du lac ?

On voit des espèces saisonnières constituer des associations de formes qui se groupent pour donner, en quelque sorte, un *facies temporaire* et éminemment fugace à la végétation flottante. Il en est de même en ce qui concerne la physionomie des Sociétés animales planctoniques.

***

Considérations sur le pH

Afin de tenter une explication du rhytme vital qui conditionne les variations et la périodicité planctoniques on pourrait faire intervenir cette notion nouvelle du pH qui s'est déjà montrée si féconde en résultats dans les problèmes biologiques de la mer.

En effet, la concentration en ions hydrogène de l'eau exprime par sa diminution ou son augmentation tous les degrés d'acidité ou d'alcalinité du milieu ; elle est en relations étroite avec l'activité vitale des organismes qui le peuplent.

Il y a là tout un programme d'études planctoniques à instituer dans les lacs : mesure de l'oxygène dissous, dosage de l'acide carbonique et de l'alcalinité ; étude de la respiration des plantes et de la photosynthèse, processus suivant lequel algues et plantes macrophytes submergées utilisent l'énergie lumineuse pour décomposer l'acide carbonique, fixer le carbone et rejeter l'oxygène, évaluation des carbonates, phosphates et silicates qu'animaux et végétaux introduisent dans leurs organes.

Cette dernière propriété semble déjà jouer un rôle important dans l'apparition et la diminution du plancton. Envisageant l'état actuel des choses on ne peut qu'être frappé du parallélisme qui existe, dans ses grandes lignes, entre les courbes exprimant les cycles saisonniers du plancton des bassins lacustres et celles du milieu marin, faits exposés d'une façon très lumineuse par R. Legendre dans son magistral ouvrage sur la *Concentration en ions hydrogène de l'eau de mer*.

Ce savant trace ainsi l'esquisse générale de ces phénomènes (p. 237) :

Près des côtes, les apports d'eau douce provenant des pluies de printemps, des crues des fleuves et de la fonte des neiges, lavent la terre et apportent à la mer des sels dissous, notamment de la silice des carbonates, des phosphates et des nitrates. L'abaissement de salinité qui en résulte et pour une plus grande part probablement, l'augmentation de la radiation solaire, favorisent l'assimilation chlorophyllienne, les algues se multiplient abondamment trouvant les matériaux suffisants pour leur nourriture ; l'eau s'alcalinise, facilitant les fécondations et les divisions cellulaires. Quand l'été vient, la mer est épuisée par cette formidable production ; les phosphates disparaissent, la silice se raréfie, le peu de nitrates présents sont peut-être détruits par la pullulation des bactéries dénitrifiantes ; le phytoplancton s'appauvrit ; sa masse sert de nourriture au zooplancton qui devient dominant, puis qui diminue à son tour quand les formes larvaires se transforment en adultes nectoniques ou benthoniques ; d'ailleurs la plus faible viscosité de l'eau due à la chaleur atteint la flottabilité de tous les êtres. Quand vient l'automne, de nouvelles pluies réapprovisionnent la mer en sels utiles et un second enrichissement planctonique apparait, moins intense que le premier parce que l'énergie solaire décroit. Puis ce sont les mois de repos, de sommeil, en mer comme sur terre, l'insolation minimum, le froid, l'eau presque vide d'êtres vivants, jusqu'à un nouveau réveil qui commencera un nouveau cycle.

Le pH traduit ces fluctuations plus fidèlement qu'aucun autre facteur.

L'étude des variations saisonnières du plancton dans nos lacs savoyards montre que l'hiver est une période où la vie est très précaire en ce sens qu'elle devient comme latente.

Les eaux sont à peu près désertiques, extrêmement transparentes parce que presque totalement dépourvues d'organismes (limite de visibilité en profondeur 10 à 11 mètres). Puis le lac se réveille au début du printemps qui correspond avec l'apparition de la végétation terrestre. Brusquement apparaît le monde des Diatomées : *Cyclotella, Fragilaria, Asterionella, Diatoma* fournissant le premier des maxima planctoniques. Cette période coïncide précisément avec la fonte des neiges et l'apport des eaux torrentielles qui ont lavé et entraîné les éléments cristallins des moraines glaciaires (silice utilisée dans la formation du test des Diatomées).

Puis la transparence de l'eau diminue, le milieu devient plus louche, parfois comme laiteux, par suite de la prolifération des Peridiniens (*Dinobryon*) (visibilité 5 à 6 mètres).

Pendant les mois de mai, juin, juillet, au moment où l'activité solaire favorise la photosynthèse, il y a un développement considérable d'algues vertes filamenteuses (*Chlorophycées*).

C'est alors que le phytoplancton diminue, passant par un premier minimum, car il a servi de nourriture au zooplancton qui de son côté atteint son maximum en été.

Viennent ensuite les pluies d'automne qui amènent un nouvel apport de sels correspondant à un deuxième maximum, beaucoup plus faible, en raison de l'insolation qui a diminué.

En résumé il reste à démontrer l'influence probable du degré d'alcalinité ou d'acidité des eaux sur le cycle planctonique, et que les organismes sont sollicités par un véritable tropisme vers la recherche du PH optimum, le plus favorable à leur existence. Toutefois la question est posée, si dans l'état actuel de nos connaissances il est impossible d'interpréter d'une manière satisfaisante des faits souvent déconcertants. Le temps m'a manqué au cours de mes études lacustres pour aborder ces recherches. Il est à souhaiter que d'autres naturalistes dirigent leurs efforts de ce côté et fournissent une explication acceptable des phénomènes généraux de la biologie du plancton.

LES ASSOCIATIONS VÉGÉTALES

A. — LES PLANTES MACROPHYTES LITTORALES

Observée d'une altitude suffisamment élevée, la nappe du lac du Bourget se montre partagée en deux zones nettement tranchées. L'une, la plus rapprochée de la rive, est constituée par une sorte de plateforme littorale, la *Beine* ou *Blanc Fond*, très discernable par sa couleur verte d'opale très douce, tandis qu'à l'intérieur de ce contour, une teinte d'un bleu intense marque la zone profonde que les cartes indiquent au large de la courbe bathymétrique de 5 à 10 mètres. Le passage entre ces deux zones est formé par un *talus* rapide dont la ligne de raccordement avec la beine est désignée sous le nom de *Mont* ou *Molard*. La Beine et le Mont sont des régions biologiques intéressantes au point de vue des flore et faune littorales.

Si l'on circule en bateau sur la beine, on remarque un beau développement des associations végétales qui accommodent leurs exigences physiologiques : pénétration des rhizomes, foliaison et floraison (10), à la composition minéralogique et chimique du sol : limon des estuaires, sables et graviers des

(10) Le Roux. *Recherches biologiques sur le lac d'Annecy*, 1907.

deltas torrentiels, éboulis, et à des conditions physiques : température, faible épaisseur d'eau très pénétrée par les rayons lumineux.

A partir du rivage bordé de *Peupliers*, *Saules*, *Aulnes*, sur la grève émergée ou périodiquement inondée, s'installent les touffes de *Graminées*, les *Molinies* et les mottes compactes des *Carex*. Sur le sol graveleux ou formé d'un limon blanchâtre de la beine, s'étale une puissante végétation en fourrés, parfois très denses, de *Roseaux* et de *Joncs*.

Au milieu ou à côté de ces derniers, émergent les plantes enracinées aux longues tiges ondulantes qui étalent à la surface leurs feuilles et leurs fleurs : les *Nénuphars*, les *Villarsia*, les *Polygonum* et les *Potamots*.

Dès que la profondeur augmente, on voit le sol s'assombrir des gazons verts des *Naïades*, mêlés aux rameaux découpés des *Myriophylles*. Enfin les tapis de *Charas* descendent jusqu'à 10 mètres de profondeur sur le talus du lac. Au-delà de cette limite la végétation des macrophytes disparaît.

Tous ces groupements végétaux jouent un rôle important dans la biologie des espèces animales lacustres. De telles associations réservent à tout un groupe de poissons : les Cyprinides, d'excellents pâturages, des frayères bien abritées et une sorte de cantonnement naturel d'élevage pour les jeunes qui y trouvent la tiède température nécessaire à leur développement et une nourriture abondante aux dépens des organismes qui fourmillent au milieu de ces plantes (11).

D'autre part, la végétation forestière et arbustive qui garnit les rives abruptes de la côte Ouest, est à considérer aussi dans le cycle biologique du lac. Ces arbres donnent en effet asile à de nombreux insectes que les vents enlèvent, que les eaux charrient, apportant ainsi sous forme d'élément adventif, un appoint appréciable à l'alimentation des poissons.

***

De cet aperçu sommaire, il résulte qu'on doit distinguer dans ce complexe de végétation, des *unités topographiques*, c'est-à-dire la région où la plante croît de préférence.

La végétation des eaux, celle des marais, constitue un

(11) En raison des rapports étroits qui existent entre les mœurs des poissons et les formations végétales du littoral, la description de ces dernières prendra place dans le chapitre consacré à la localisation des frayères.

type de végétation, sorte de *facies du paysage*, en relation étroite avec le milieu et dépendant des conditions physiques de la *station*. Ce type de végétation est caractérisé par une *Association* ou *Groupes d'associations* (FLAHAUT) ou *Formation* (GRISEBACH et SCHIMPER). C'est l'*unité biologique*.

Des individus d'une seule espèce, des Roseaux vont se grouper sur la beine pour constituer une Formation : la PHRAGMITAIE ; les Joncs détermineront une SCIRPAIE ; que des Joncs viennent à se mélanger aux Roseaux, on aura un nouveau groupement de deux Sociétés : la PHRAGMITO-SCIRPAIE.

Ainsi seront déterminés d'autres groupes d'associations : la CHARAIE, caractérisée par les Chara ; la POTAMAIE, par les Potamots, la MYRIOPHYLLAIE, par les Myriophylles ; la CARICAIE, par les Carex, etc.

Il est important de noter que ces groupes d'associations peuvent être remplacés dans leur zone par des *Associations représentatives* (espèce prenant la place de l'espèce type dans la formation) ; par exemple : la TYPHAIE, remplacera la PHRAGMITAIE, la MOLINAIE pouvant se substituer à la CARICAIE, qui elle-même disparaîtra pour faire place à l'AULNAIE ou à la SAULAIE.

***

La flore des rives du lac du Bourget est assez bien connue. Les résultats des explorations d'un certain nombre de botanistes sont consignés dans les « Flores » régionales. Mais les plantes aquatiques (*macrophytes* : Phanérogames et quelques Cryptogames) considérées au point de vue de la géographie botanique ont fait l'objet des recherches du professeur MAGNIN (12).

Au cours de fréquentes excursions au Bourget, j'ai eu l'occasion de vérifier l'exactitude de la répartition topographique des limnophytes telle qu'elle a été établie par ce savant.

Ayant été surtout préoccupé par l'étude des *microphytes* sur lesquelles aucun travail n'a encore été publié, je me suis contenté de combler quelques lacunes, notamment en ce qui concerne les *délaissés* de la côte Est et certaines parties de la côte Ouest.

(12) MAGNIN. *La végétation des lacs du Jura.*

Il n'y aura donc lieu de revenir sur la description des limnophytes que pour envisager leurs formations comme des stations zoologiques en étudiant plus spécialement les endroits envahis par les végétations aquatiques qui sont recherchées par les poissons pour l'établissement de leurs frayères.

B. — LES PLANTES MICROPHYTES LITTORALES (Les algues)

Si les associations de phanérogames ne s'organisent pas au Bourget, en zones emboîtées et concentriques suivant le type constaté par Magnin dans les lacs jurassiens et par moi-même au lac d'Annecy, il en est autrement chez les microphytes (Algues).

On peut en effet constater chez ces dernières une tendance à se disposer, dans le voisinage des rives, en localisations assez distinctes. Ces plantes se groupent, dans les régions littorales où l'eau peu profonde, permettant une facile pénétration de la lumière, recouvre des cailloux et graviers ; elles garnissent les enrochements, les murs des quais, les pilotis, enfin les tiges de Roseaux et des Joncs (enduit muqueux) dans la partie immergée de ces organes.

Les microphytes trouvent les conditions les plus favorables à leur existence dans ces stations spéciales, soumises à l'action de certains agents physiques : éclairage intense, température variant dans de notables écarts, alternatives de sècheresse et d'humidité en raison de la hauteur des eaux.

On peut donc distinguer les zones d'associations suivantes, s'étageant sur des points déterminés et à des niveaux peu différents de profondeur. En se dirigeant de la côte vers le large, on rencontre successivement ou se pénétrant parfois l'une l'autre cette série de formation.

1° La Tolypotricaie. Station des Algues brunes (*Cyanophycées*) sur la bande littorale des pierres submergées.

2° La Chlorophycaie et la Desmidiaie (mixtæ) : station des Algues vertes (*chlorophycées* et *Desmidiées*) sur les cailloux et dans les Roselières.

3° La Diatomaie : station des *Diatomées*, enduit jaunâtre des cailloux et feutrage muqueux des tiges des Roseaux et des Joncs.

4° La Schizotricaie. Station des *Algues incrustantes et cariantes*. Zone des tufs lacustres et des galets sculptés.

I. La Tolypotricaie.

L'attention d'un observateur se promenant le long du littoral, sera de suite attirée par la présence d'une singulière bande continue de couleur brune foncée, qui recouvre tous les corps immergés : cailloux, enrochements, pilotis, sur une

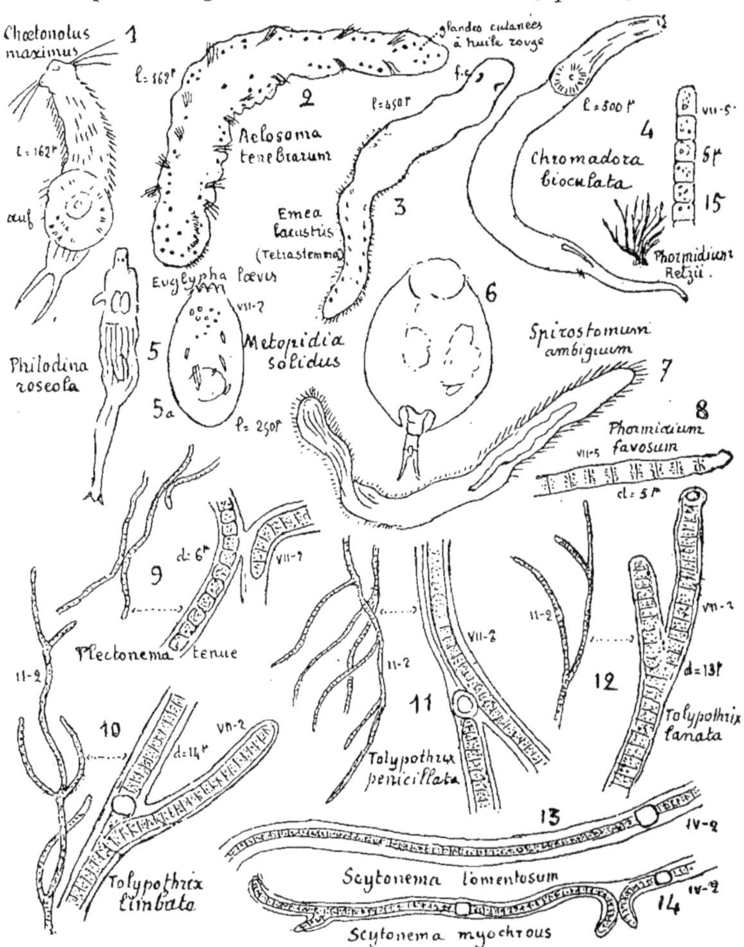

Pl. XII. La Tolypotricaie (Flore et Faune)

largeur de quelques centimètres, *exactement au niveau de l'eau*. Cette bande se définit comme une frange de filaments dont les houppes s'élèvent ou s'abaissent en suivant le mouvement des vagues. D'autre part, lorsque les eaux sont basses, ces végétations se dessèchent et apparaissent comme un *enduit noir* caractéristique qui subsiste comme témoin du niveau antérieurement atteint par le lac.

Nous sommes ici dans la zone la plus littorale, formée à la limite du balancement des eaux, par une association d'algues brunes : la Tolypotricaie dans laquelle dominent deux espèces constantes : *Tolypothrix penicillata* (XII, 11) et *T. lanata* (XII, 12), mêlées à une autre moins commune : *T. limbata.*

Plusieurs Nostocacées accompagnent les Tolypothrix dans cette station : *Plectonema tenue* (XII, 9) *Scytonema tomentosum* (XII, 13), *S. myochrous* (XII, 14).

La Tolypotricaie semble subir en hiver un arrêt de développement et c'est seulement au commencement du mois de mars que les algues reprennent leur activité végétative.

Une faunule spéciale de Rotateurs, Vers, Infusoires, vit sous le couvert de ces minuscules végétations.

Chœtonotus maximus (XII, 1) portant souvent son œuf énorme, glisse parmi les fils de Tolypothrix, en compagnie de *Nais elinguis* (VIII-5) et du bel Oligochœte : *Aelosoma tenebrarum* (XII, 2) dont les glandes colorées transparaissent comme des rubis sous le tégument.

A côté rampent un rare Nemertien : *Emea lacustris* (XII, 3), des Tardigrades : *Macrobiotus macronyx* et *Arctiscon tardigradum* (III, 11) espèce qui hante également la région profonde ; des Nématodes : *Chromadora bioculata* (XII, 4), *Dorylaimus stagnalis* ; quelques Rotateurs : *Philodina roseola* (XII, 5), *Cathypna luna* (VII, 11), *Metopidia solidus* (XII, 6), enfin des Infusoires : *Spirostomum ambiguum* (XII, 7), l'un des géants de ce groupe ; des Rhizopodes : *Acanthocystis aculeata, Euglypha lævis* (XII, 5 a) *Cyphoderia margaritacea* (VIII, 10).

Un autre groupe de Cyanophycées végète également dans cette formation littorale ; il est représenté par des Oscillariées qui tapissent les cailloux et les fonds des anses tranquilles où se déposent les débris végétaux en décomposition : *Oscillatoria Frœlichii.*

O. limosa (X, 1) *Phormidium favosum* (XII, 8) et *Ph. Retzii* (XII, 15) form. *fasciculata,* dont les houppes ou les plaques lichenoïdes brunes à reflets verdâtres se développent, en godronnant leurs contours et les soulevant légèrement, sur une largeur parfois de plusieurs décimètres.

II. La Chlorophycaie et la Desmidiaie.

Une série d'autres petites plantes se fait remarquer par de vives couleurs variant du vert olive au vert émeraude brillant.

Dès le réveil de la végétation, au printemps, on voit les pierres de la beine, tout près des bords, se revêtir d'une toison

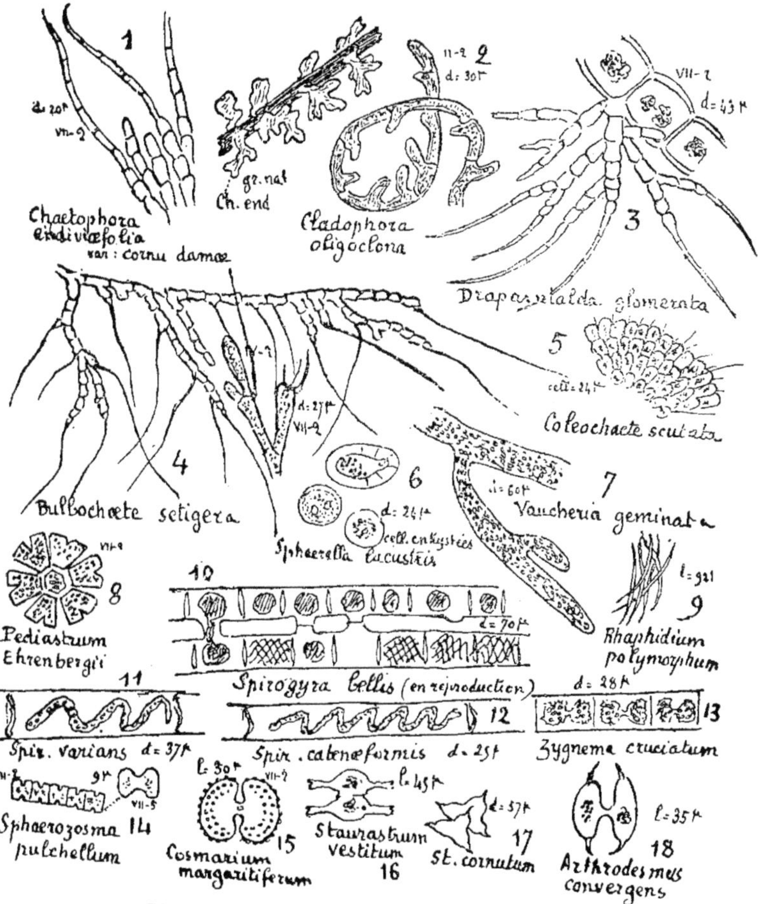

Pl. XIII. — La Chlorophycaie et la Desmidiaie

de délicats filaments verts, soyeux ou rugueux ; ailleurs de vaporeux flocons d'un vert tendre s'accrochent aux plantes aquatiques où reposent sur les gazons de Characées. Ces petites masses prennent peu à peu une couleur plus foncée et s'agglomèrent en masses qui finissent par couvrir le sol sur une certaine étendue.

Ce sont des algues filamenteuses vertes du groupe des Chlorophycées. Bientôt l'activité respiratoire de ces végétaux détermine l'apparition de nombreuses bulles gazeuses qui, jouant le rôle d'appareil de flottaison, détachent du sol les flocons et les amènent à la surface où ils sont entraînés par les courants : phénomène caractéristique du printemps et du commencement de l'été.

D'autres algues vertes, aux formes capricieuses, armées de pointes ou s'organisant en contours géométriques, les *Desmidiées* vivent en association parmi ces masses flottantes qui constituent, à cause de la fonction chlorophylienne très active, un milieu avec des conditions biologiques excellentes pour les petits animaux qui habitent ces prairies flottantes ou les gazons des pierres.

Les Chlorophycées les plus communes dans ces stations sont : (pl. XIII).

Confervoidées : *Hormiscia zonata* (XI, 9), *Coleochaete scutata* (5), *Draparnaldia glomerata* (3), *Chaetophora endiviaefolia* (1), *Bulbochaete setigera* (4) *Cladophora glomerata*, *Cl. oligoclona* (2). — Siphonées : *Vaucheria geminata* (7). — Protococcoidées : *Pediastrum Boryanum* (XI, 16) *P. angulosum*, P. *Ehrenbergii* (8), *Raphidium polymorphum* (9). — Conjuguées : *Mougeotia genuflexa* (XI, 12), *Zygnema stellium* (XI, 6), *Z. cruciatum* (13), *Spirogyra bellis* (10), *Sp. varians* (11), *Sp catenaeformis* (12). — Desmidiées : *Hyalotheca dissiliens* (XI, 10), *Sphaerozosma pulchellum* (14), *Closterium Leibleinii* (XI, 13), *Cosmarium margaritiferum* (15), *C. Botrytis* (XI, 15), *Staurastrum spinosum* (XI, 17), *St. teliferum* (XI, 18), *St. vestitum* (16), *S. cornutum* (17), *Arthrodesmus convergens* (18).

Dans les cavités du rocher lavées par l'embrun des vagues, et restées au sec pendant une période de basses eaux, apparaissent des plaques d'une belle couleur rouge. Ce sont d'autres algues vertes cellulaires : *Sphaerella lacustris* (XIII, 6) qui se trouvent soumises à une lente dessication. Dans cet état transitoire de vie ralentie, la plante réagit en secrétant une huile protectrice rouge (hematochrome).

Il est à remarquer que les Desmidiées sont en somme peu abondantes au Bourget dont les eaux sont remarquablement pures. Ces plantes étant des organismes habituels de marécages, n'existent que dans les régions de la Beine où s'installent les roseaux et les joncs, dans le voisinage de Port-Choudy, du Sierroz et de l'égout de la ville d'Aix. Les fragments de plantes phanérogames, les détritus de toutes sortes, tombent au fond de l'eau où la macération de leurs tissus fournit un milieu favorable au développement des Desmidiées.

Parmi ces gazons qui revêtent les pierres ou dans les masses de ces algues errantes au gré des eaux vertes habite toute une faunule de petits êtres nageurs qui s'accommodent admirablement des excellentes conditions biologiques de la vie flottante, ou qui profitent de la forte aération causée par les échanges gazeux de ces Chlorophycées. Ils rencontrent en plus dans ces stations une nourriture abondante aux dépens des protophytes et algues de petite taille.

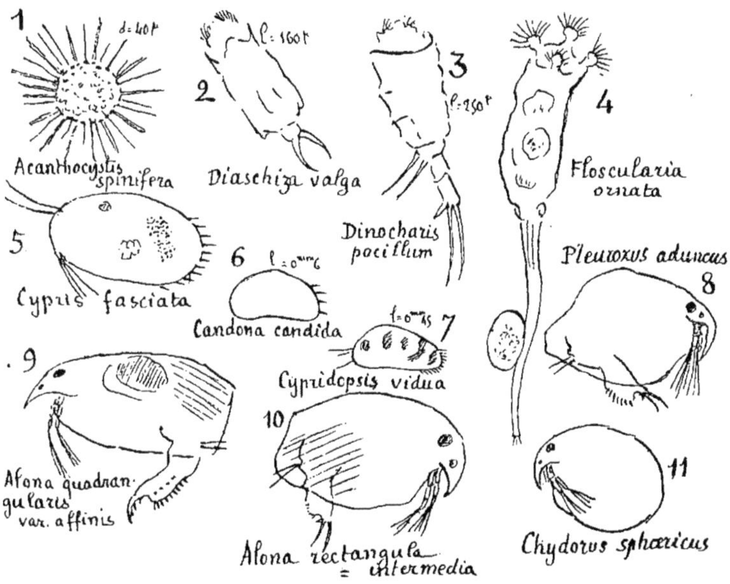

Pl. XIV. — Faunule littorale

Rhizopodes : *Acanthocystis spinifera* (pl. XIV, 1)

Rotateurs : *Monostyla lunaris* (VII, 7).

Cathypna luna (VII,11) *Floscularia ornata* (4), *Diaschiza valga* (2), *Dinocharis pocillum* (3) ;

Ostracodes : *Candona candida* (6) *Cypris fasciata* (5) *Cypridopsis vidua* (7).

Cladocères : *Alona rectangula* (10) ; *Alona quadrangularis* (9) ; *Chydorus sphœricus* (11).

Copépodes : *Cyclops languidus* (V, 16) *Canthocamptus staphylinus* (V, 7).

III. La Diatomaie.

Pendant l'hiver, la végétation des algues vertes subit un ralentissement très marqué ; elle est remplacée dans les mêmes stations du littoral par un enduit glaireux recouvrant les cailloux immergés d'une uniforme teinte jaune brun, qui est presque uniquement formé d'une multitude de *Diatomées*.

L'association des diverses espèces de ces algues constitue la Diatomaie qui, en toute saison, se localise surtout et est toujours présente sur la partie submergée des tiges des roseaux et des joncs et en général sur tous les bois ou débris végétaux qui sont continuellement sous l'eau.

Les tiges se revêtent en effet d'une couche organique assez épaisse, se séparant parfois en houppes ou lanières, dont la consistance mucilagineuse est due aux gaînes ou enveloppes que secrètent les colonies de certaines Diatomées.

C'est toute une végétation qui doit sa physionomie spéciale aux touffes de *Gomphonema* dressant leurs frustules au sommet de pédicelles enchevêtrés ; aux chaînes sinueuses articulées des *Diatoma*, à la multiplication énorme des *Navicula* incluses dans une gelée muqueuse (pl. XV).

Au milieu de ces Diatomées végètent quelques Chlorophycées ou Cyanophycées dont les filaments servent de support aux élégantes *Meridion* (2) aux délicates *Achnanthes* (11) *Cocconeis* (13), *Synedra* (8). On y rencontre en outre des Oscillariées disséminées : *Lyngbia prolifica* (1) et *Phormidium favosum* (XII, 8). Les Diatomées dominantes dans cette formation sont (pl. XV) :

Meridion circulare (2) aux frustules disposées en éventail. Elles sont souvent entraînées de la région littorale pour apparaître comme élément parfois très abondant dans le phytoplancton de surface. *Diatoma elongatum* (3) ; *D. vulgare* (5), *D. Ehrenbergii*. *Odontidium hiemale* (6), *Synedra ulna* (10), *S. acus* (9), S. *tenuis var subtilis* (8) dont les frustules se hérissent, divergeant d'un coussinet muqueux qui les fixe sur *Cymbella prostrata* (7) ou d'autres algues filamenteuses ; *Himantidium arcus* (12), *Achnanthes exilis* (11), *Cocconeis placentula* (13), ces deux dernières fixées sur d'autres algues ; *Navicula vulgaris* (14, 15), nombreux individus groupés dans une gelée translucide ou disposés en buissons à éléments en série, se fixant sur les poteaux immergés.

Pinnularia viridis (16) qu'on observe souvent en division par déboîtement des frustules.

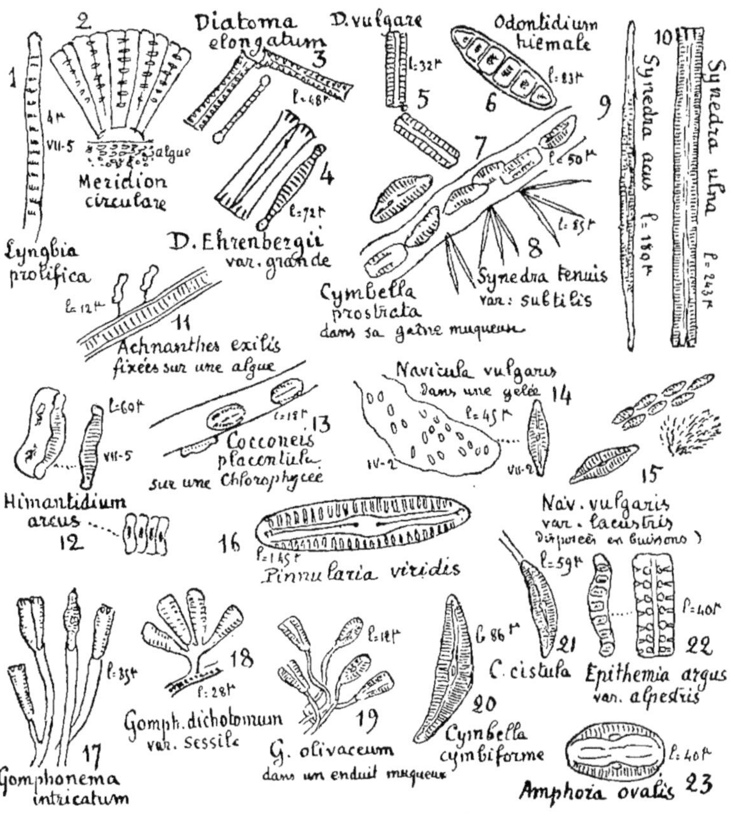

Pl. XV. — La Diatomaie

Gomphonema intricatum (17) aux pédicelles épais, dichotomes noyés dans un mucilage ; *G. Olivaceum* (19) à pédicelles grêles au sein d'une gelée jaunâtre ; *G. dichotomum* (18) fixé sur des algues filamenteuses ; *Cymbella prostrata* (7) incluses dans un tube muqueux ; *C. cymbiforme* (20) ; *C. cistula* (21), *Amphora ovalis* (23) ; *Epithemia argus* (22).

IV. La Schizotricaie.

Une formation végétale toute particulière, extrêmement curieuse, s'organise en certains points le long des grèves.

Les cailloux qui reposent sur des fonds de un à deux mètres, se montrent souvent revêtus de masses mamelonnées, grisâtres et spongieuses. Ce sont les TUFS LACUSTRES que j'avais découverts et étudiés au lac d'Annecy en 1907 et que j'ai retrouvés au Bourget, sur les beines de la rive Est et Nord (Châtillon) aussi bien que sur les roches abruptes immergées de la côte Ouest, de Bourdeau à Conjux (pl. XVI, fig. 7).

A l'état frais ces masses se présentent sous l'aspect d'encroûtements pierreux d'une assez grande légèreté et très fragiles ; desséchées, elles acquièrent une consistance crayeuse et deviennent moins friables.

Elles se développent à la surface et sur les côtés des cailloux tandis que la face inférieure de ceux-ci qui repose sur le sol, est complètement dépourvue de concrétions.

Une coupe pratiquée au travers de ces tufs dont la masse est formée de calcaire pulvérulent, les montre comme lardés dans toute leur épaisseur de myriades de filaments, morts ou vivants, d'algues enchevêtrés les uns dans les autres. Ces algues sont des Nostocacées homocystées ; des *Oscillariées.*

Si on enlève la partie superficielle de ces tufs qui se désagrègent très aisément, on atteint la pierre, support commun de ces végétaux, et dans la plupart des cas cette pierre a perdu sa compacité, sa consistance est devenue molle et comme caseuse.

On est donc en présence de deux actions :

1° La production d'un dépôt calcaire par les *algues incrustantes.*

2° L'attaque et la transformation des couches superficielles des pierres par des *algues cariantes* qui sculptent les galets.

Dans une publication antérieure (13) j'ai cherché à expliquer la formation des tufs lacustres, leur origine, le rôle des algues qui décomposent le calcaire contenu en dissolution dans l'eau à l'état de bicarbonate de calcium. Elles s'emparent de l'acide carbonique en laissant précipiter le carbonate de chaux insoluble qui édifie au milieu des filaments d'algues un coussinet pierreux. Il est inutile de revenir sur ces phénomènes.

Mais le dépôt calcaire formé par les algues n'est pas la seule manifestation de leur activité biologique. Ces algues attaquent aussi la pierre qui se montre, une fois débarrassée de

(13) M. LE ROUX. *Recherches biologiques sur le lac d'Annecy.* Les tufs et les galets sculptés, p. 347 à 365.

son revêtement tufeux, creusée de sillons méandriformes. Ce sont les *galets sculptés* (pl. XVI, 7).

Les principaux agents du dépôt des tufs lacustres et de la carie des pierres sont des algues Cyanophycées du genre *Schizothrix*. Leur association constitue une formation spéciale la SCHIZOTRICAIE.

Les algues cariantes sont principalement (pl. XVI) : *Schizothrix lateritia* (2), *S. fasciculata* (1), *Rivularia hematites* (3). Au sein de ces concrétions tufeuses, on rencontre toujours mélangées avec les premières, les filaments bruns de *Dichothrix Orsiniana* (6), *Calothrix gypsophila* (4), *Scytonema tomentosum* (XII, 13), *Scyt, myochrous* (XII, 14), *Sirosiphon pulvinatus* (5).

Il y a là évidemment une action chimique qui désagrège les pierres et une action mécanique qui déblaye les parties minérales devenues friables et laisse à nu les sillons. Toutefois, malgré les recherches des auteurs qui ont étudié ce phénomène dans les lacs suisses : FOREL (14), KIRCHNER (15), R. CHODAT, entre autres (16), le problème est loin d'être résolu. On peut toutefois essayer d'expliquer le mécanisme de cette attaque des galets, consécutive au développement des algues incrustantes et de montrer pourquoi les intervalles ou crêtes séparant les dépressions sont recouverts par une couche d'*algues jeunes*, tandis que les creux marquent l'emplacement des coussinets des algues plus *anciennes* qui ont disparu.

Considérons un tuf en formation (pl. XVI, fig. I à VI) représenté par un caillou où sont accrochés quelques coussinets isolés des algues *Schizothrix lateritia, S. fasciculata* (XVI, 7, 8). Deux jeunes thalles élémentaires formés de nombreux trichomes enchevêtrés, se fixent à peu de distance l'un de l'autre (I. A. B.).

Par suite de l'accroissement végétatif, les deux coussinets se rapprochent et finissent par confluer (II) pour arriver au bout d'un certain temps à n'en former qu'un (III). C'est à ce stade II que la carie de la pierre commence en A et B. Par la réunion de nombreux coussinets, on arrive au stade *mamelonné* des concrétions tufeuses.

Les parties *vivantes* des algues sont tout à fait à la péri-

(14) FOREL. Note *sur les galets sculptés des lacs.* **Soc. Vaud. du Sc. nat. 1877.**

(15) KIRCHNER. ***Végétation des Bodensees*, 1877.**

(16) R. CHODAT. ***Etudes de biologie lacustre.* Lab. de bot. de l'univ. de Genève, 4e série, VIIe fasc.**

phérie, tandis qu'à mesure que celles-ci vieillissent, les filaments les plus anciens et les plus internes meurent et se réduisent à des gaînes vides (V, VI, *a*, *b*). Mais il faut considérer en même temps, que pendant toute la vie de la plante, la carie superficielle de la pierre s'est effectuée et qu'elle est d'autant

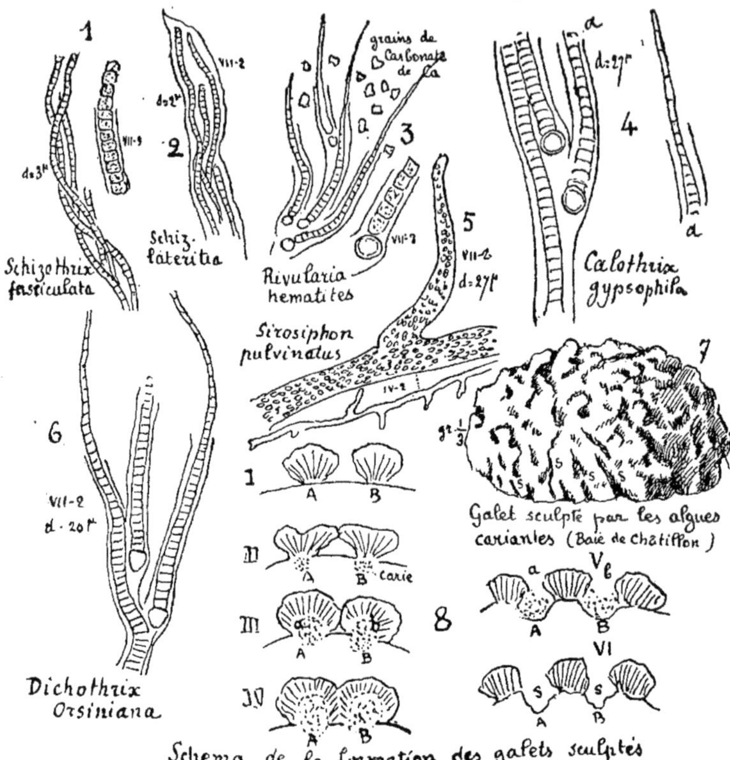

Pl. XVI. — La Schizotricaie et les Algues incrustantes et cariantes

plus profonde aux points où les filaments sont depuis longtemps fixés. On a donc en A et B, des points de moindre résistance déterminés par une carie plus intense et tout préparés à une *action efficace d'érosion* de quelque nature soit-elle.

Il y a donc dans ce premier stade un processus tout à fait comparable à celui qui caractérise la biologie bien connue des *Sphagnum* : leur développement, la mort des touffes les plus anciennes et la formation consécutive de la tourbe.

Il est à remarquer que dans les coussinets d'algues les couches intérieures de la masse sont *seules vivantes*, tandis que dans la profondeur on ne rencontre que des gaînes.

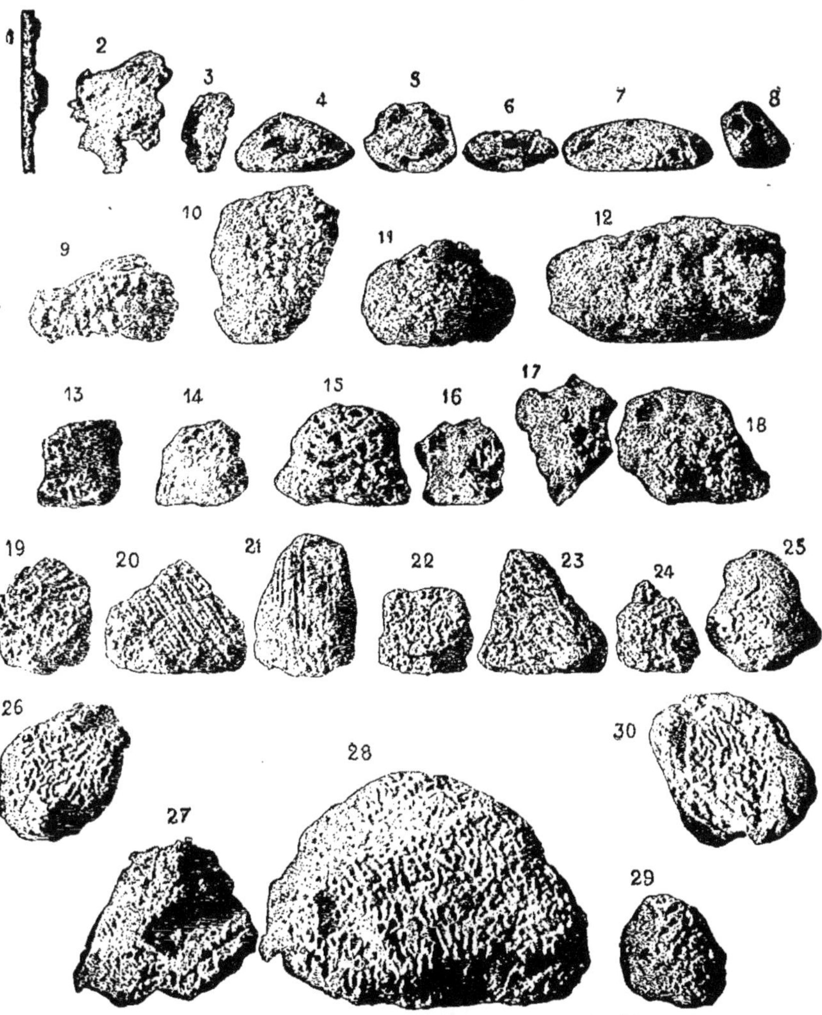

TUFS LACUSTRES ET GALETS SCULPTÉS

1. Tige de Roseau recouverte d'incrustation tufeuse.
2, 3. Type spécial d'incrustation, sorte de feutrage de *Schizothrix* étalé en membrane sur le sol de la beine exondée.
4, 5, 6, 7, 8. Cailloux montrant en section l'épaisseur du tuf.
9, 10. Cailloux à incrustations mamelonnées. (Types les plus fréquents au lac du Bourget).
11, 12. Les mêmes montrant des coussinets isolés ou confluents de Schizophycées : *Scytonema turfaceum* et *Rivularia hœmatites*.
13, 14, 26, 27. Pierres à demi débarrassées de leur revêtement d'algues montrant la partie cariée sillonnée de galeries méandriformes.
15. Caillou sculpté de petites cupules coniques profondes, au milieu de galeries sinueuses.
16, 17, 18. Fragments de tufs à cupules formées par la confluence d'érosions profondes.
19, 20, 21, 22, 24, 25. Cailloux débarrassés en partie de leur couverture d'algues, cariés suivant des lignes irrégulièrement divergentes (19) ou sinueuses (23, 24), ou suivant des lignes marquant les points de moindre résistance, par conséquent plus solubles, veines alignées parallèlement, situation favorable à la décalcification.
28. Très bel exemplaire d'un galet sculpté méandriforme.
29, 30. Types de cailloux à incrustations cérébriformes.

Un curieux rapprochement s'impose d'autre part. S'il était possible de comparer des formations naturelles d'une importance aussi inégale, on pourrait dire que ces concrétions pierreuses d'origine végétale ressemblent à celles qu'édifient les Coralliaires dans les récifs madréporiques.

Dans un « galet sculpté » encore recouvert de ses coussinets végétaux, on remarque que les sillons sont à peu près déblayés d'algues, tandis que les crêtes en sont pourvues. L'examen (de la fig. 8, IV, V, VI) montre nettement comment les coussinets arrivent à se réunir, en laissant en A et B, par suite de la mort des algues, place à la désagrégation par l'action mécanique des eaux, et aussi au nettoyage résultant de la circulation des animaux : *Gammarus*, petits Coléoptères et leurs larves, cheminant en tout sens parmi la substance devenue comme caséeuse de ces tufs.

Les parties externe et médiane sont recouvertes par les coussinets jeunes, tandis que les régions *a* et *b* formées d'algues anciennes et mortes sont dissociées et emportées. On arrive ainsi, en définitive, à concevoir la disposition des algues sur les crêtes de la pierre tandis que les sillons *a* et *b* en sont dépourvus.

L'action chimique, encore inexpliquée, est d'ailleurs indéniable. Il suffit de considérer les cailloux sculptés dont les reproductions photographiques garnissent la planche ci-contre. On voit les pierres en partie débarrassées de leur revêtement d'algues, où la décalcification a progressé en suivant des lignes directrices déterminées par de petites strates de substance plus tendre ; ou en des points plus délitables sur lesquels l'attaque s'est produite avec plus d'efficacité.

La planche des tufs lacustres et galets sculptés ci-contre est relative à ces formations du lac d'Annecy où elles ont fait l'objet d'une étude complète. (M. Le Roux, *Le Lac d'Annecy*, recherches de biologie lacustre, 1907).

LA FAUNE LITTORALE

LES INVERTÉBRÉS

Une plage tranquille où, dans la transparence lumineuse de l'eau, le friselis des vaguelettes irise le fond pierreux d'accents fugitifs ; les cailloux d'un torrent, les graviers de son cône de déjection que ravine un courant rapide, semblent, au premier aspect, des stations où la vie animale est d'une extrême pauvreté.

Mais que l'on se donne la peine de retourner ces pierres si bien lavées, celles surtout dont la surface se revêt d'une couche muqueuse jaunâtre de Diatomées, ou qui laissent flotter au fil de l'eau la chevelure de ses Algues vertes filamenteuses, on sera vivement intéressé par l'apparition subite d'une population singulièrement active.

C'est d'abord de tous côtés, la course oblique des Crevettes d'eau douce (*Gammarus*) se frayant un chemin autour des Planaires blanches et noires (*Planaria*, *Polycelis*) immobiles à l'abri d'une petite aspérité ; les vers Oligochètes (*Nais*) rampant parmi les coques ovigères brunes des Hirudinées adhérentes à la pierre par leur ventouse et contournant de petits amas gélatineux qui ne sont autres que des pontes de Mollusques (Pl. XIX et XX).

Ailleurs, c'est la progression saccadée de certaines Sangsues : les *Nephelis* et les curieuses *Clepsines*, traînant accrochée sous l'abdomen, la nichée de leurs jeunes (Pl. XIX).

Voici maintenant le monde des larves bâtisseuses : les Phryganes. Çà et là, à la face inférieure des cailloux, s'accrochent les fourreaux multiformes des « Traîne-bois » ; les tubes mi-pierreux, mi-ligneux des *Anabolia*. Ailleurs, s'appliquent hermétiquement sur leur support les huttes édifiées avec de petites pierres, par les moins habiles maçons de ce groupe : les *Gœra* ; les noires coques nymphales des *Ryacophila* dissimulées sous une carapace pierreuse ; les admirables tubes coniques délicatement formés d'une extraordinaire mosaïque à éléments choisis et patiemment ajustés par les *Odontocères*, *Drusus*, *Leptocères*, *Micropterna* ; les étuis en fin tissu arachnoidéen des *Plectonemya* ; ceux en sable fin agglutiné par un mucus durcissant, des *Hydropsyché* ; enfin les coques parcheminées siliquiformes des *Hydroptiles* (Pl. XVIII).

Dans ces sociétés littorales dominent les Mollusques, *Planorbis*, *Lymnea*, *Bythinia*, *Valvata*, *Ancylus*, *Sphœrium*, *Neritina* aux brillantes coquilles marbrées, *Dressensia*, au

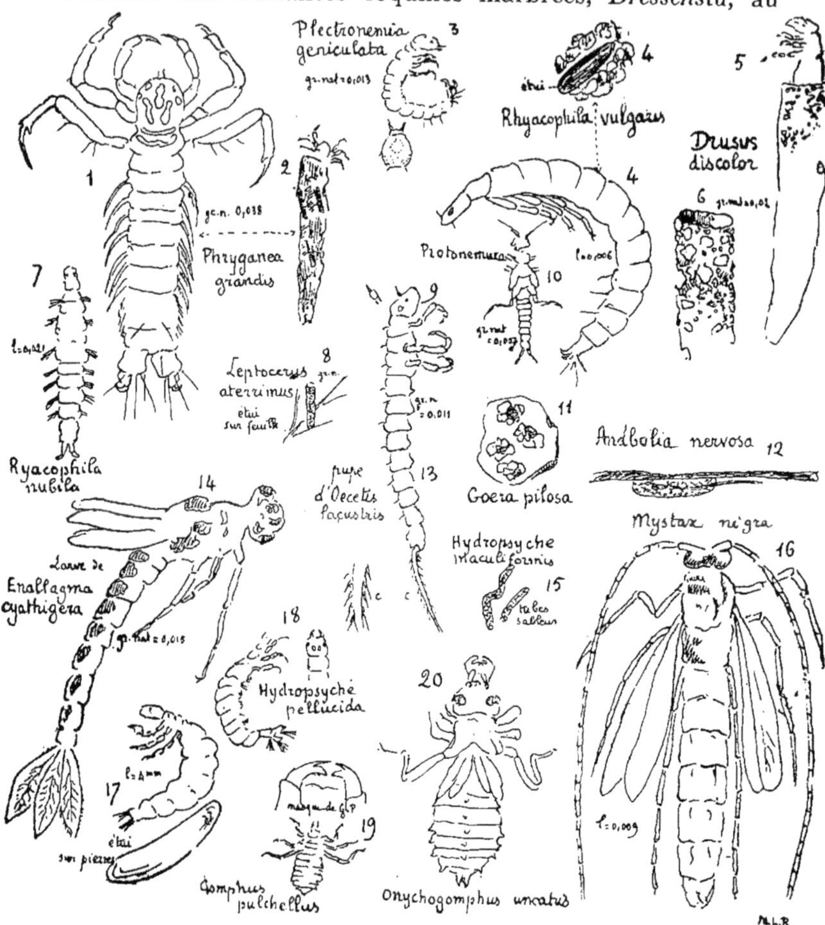

Pl XVIII. — La Faune littorale. Insectes.

test zébré fixées par le cable de leur byssus, qui se groupent souvent en bancs serrés, comme les moulières de l'océan, sur les fonds sableux et sur les rocs immergés (Baie de Mémart, rive de Brizon (P. XIX).

Enfin sous tous les cailloux, c'est la fuite hâtive de l'agile phalange des larves d'Ephémérides et d'Odonates (*Gomphus*,

Agrion) ; les grandes *Perlides* aux superbes et brillantes macules, les *Bœtis, Nemura, Choroterpes*, etc., dont l'activité respiratoire, aidée par des lames et filaments trachéens, très développés à l'extérieur de leur corps, trouve dans les eaux littorales et torrentielles un milieu puissamment aéré (Pl. **XXI**).

Tout ce dernier groupe d'animaux constitue la nourriture préférée des Truites et de nombreux Cyprinides.

***

Les individus qui composent la faune littorale appartiennent à presque tous les groupes, parmi les Invertébrés. Il est inutile de dresser la liste des très nombreuses espèces : seules seront notées les plus caractéristiques.

Heliozoaires, Rhizopodes. *Actinosphœrium Eichornii. Acanthocystis spinifera ; Ac. aculeata ; Diflugia globulosa ; Cyphoderia margaritacea ; Euglypha lœvis.* Tous ces organismes vivent dans la zone des Tolypothrix et se nourrissent de Diatomées (Pl. **XX**).

Infusoires. *Dendrocometes paradoxus, Spirochona gemmipara.* Ces deux infusoires se rencontrent souvent fixés sur les lamelles branchiales des Gammarus ; *Chilodon cucullatus ; Spirostomum ambiguum ; Ophrydium versatile,* apparaissant au printemps inclus dans une masse gélatineuse accrochée aux tiges de Chara. Ces Infusoires sont bourrés de Zoochlorelles, algues vertes qui vivent en symbiose avec eux (Pl. **XX**).

Hydroïdes. *Hydra vulgaris,* sur les plantes aquatiques.

Turbellariés et **Nemertiens.** *Polycœlis nigra ; Pol. cornuta ; Planaria subtentaculata , Plan. polychroa ; Tetrastemma* (*Emea*) *lacustris,* sous les pierres immergées (Pl. **XX**).

Nematodes. *Chromadora bioculata ; Dorylaimus stagnalis,* parmi les houppes des Tolypothrix (Pl. **XIX**).

Gastrotriches. *Chœtonotus maximus.* (Pl. **XX.**)

Oligochœtes. *Aelosoma tenebrarum ; Nais elinguis* parmi les Tolypothrix. *Tubifex tubifex,* dans la vase ; *Helodrilus octoculatus* sous les feuilles de Limnanthemum (Pl. **XIX**).

Hirudinées. *Herpobdella* (*Nephelis*) *octoculata* avec leurs coques ovigères collées sous les pierres ; *Helobdella stagnalis* (*Clepsine bioculata*) avec les jeunes groupées sous l'abdomen de la mère ; *Glossiphonia paludosa ; Gl. complanata.* (Pl. XIX), sous les pierres.

Bryozoaires. *Plumatella repens* sous les pierres et sur les pilotis ; *Paludicella articulata* sur les feuilles submergées.

Rotateurs. *Monostyla lunaris, Philodina roseola* ; *Cathypna luna* ; *Metopidia solidus* ; *Diaschiza valga* ; *Dinocharis pocillum* ; *Floscularia ornata. Fl. edentula* ; *Plœsoma truncatum* ; *Cœlopus tenuior* ; *Euchlanys dilatata.*

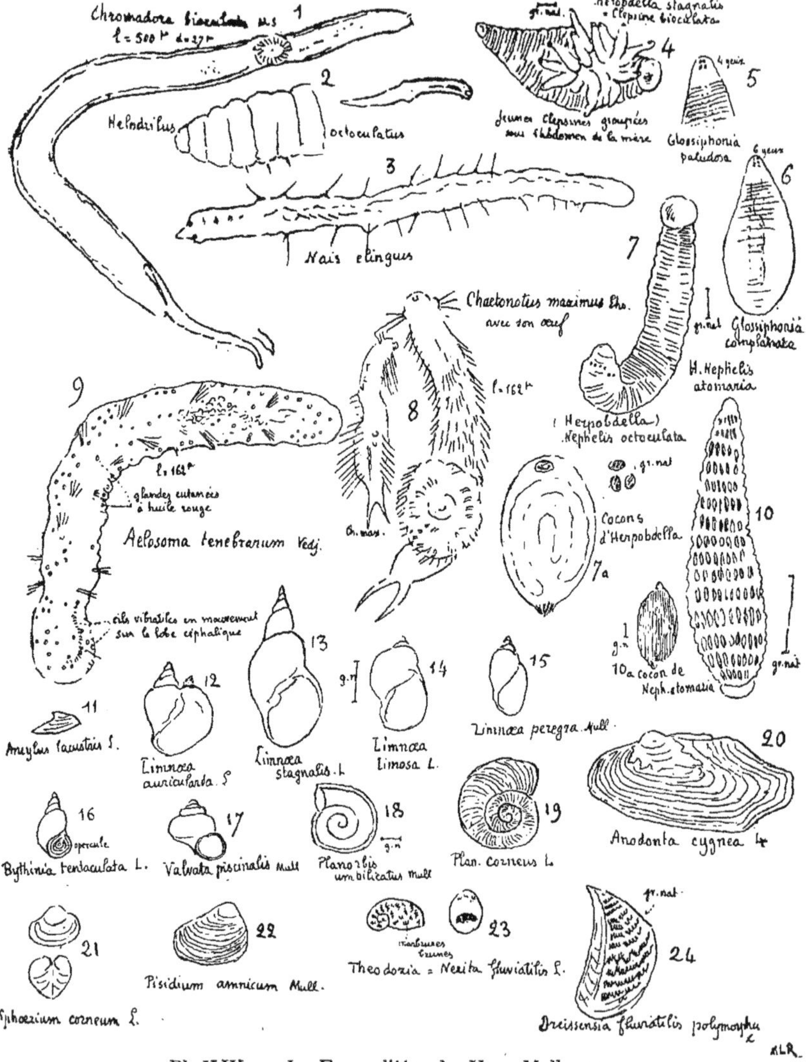

Pl. XIX. — La Faune littorale. Vers, Mollusques.

Tardigrades. *Macrobiotus macronyx*, sur l'enduit musqueux des tiges de Roseaux.

Entomostracés. — *Gammarus pulex*, quelques individus sont parasités par *Cyathocephalus truncatus* et aussi par une Grégarine : *Telohania Mulleri*, transparaissant comme des taches blanches sous la carapace. *Cyclops languidus*, *Canthocamptus staphylinus* ; *Alona affinis* ; *Chydorus sphœricus* ; *Alona rectangula* ; *Pleuroxus aduncus* ; *Candona candida* ; *Cypridopsis vidua* ; *Cypris fasciata.*

Hydrachnides. *Atax crassipes*, parmi les algues vertes flottantes ; *Limnesia pardina ; Hygrobates impressus*, parmi les Tolypothrix (Pl. XXet Pl. III, 12).

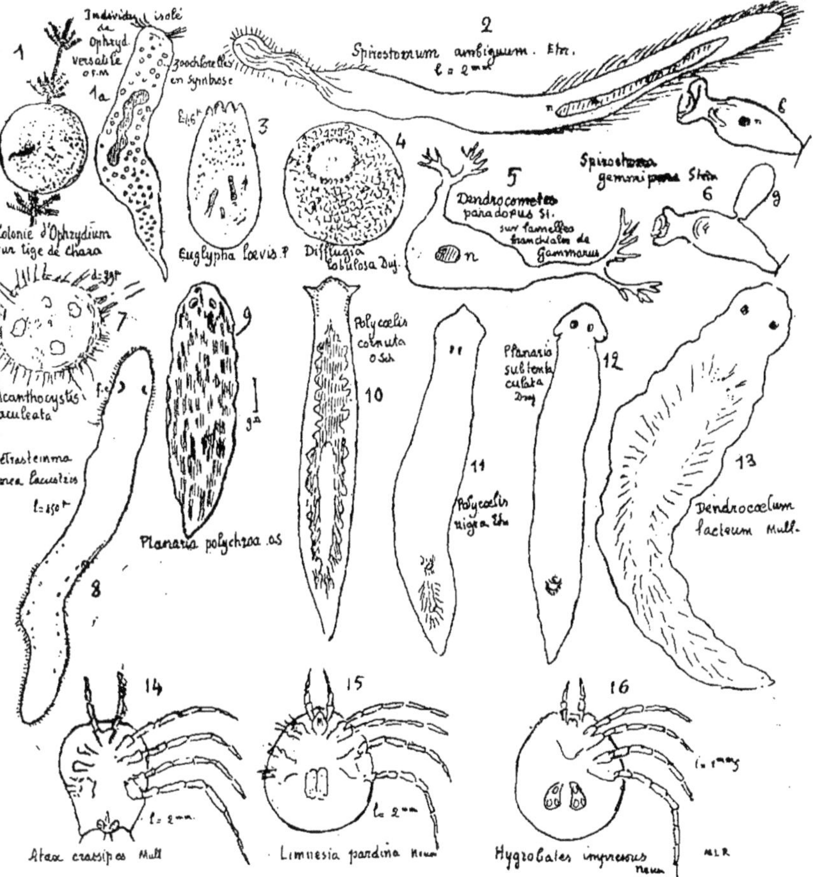

Pl. XX. — La Faune littorale. Infusoires, Turbellariés, Hydrachnides.

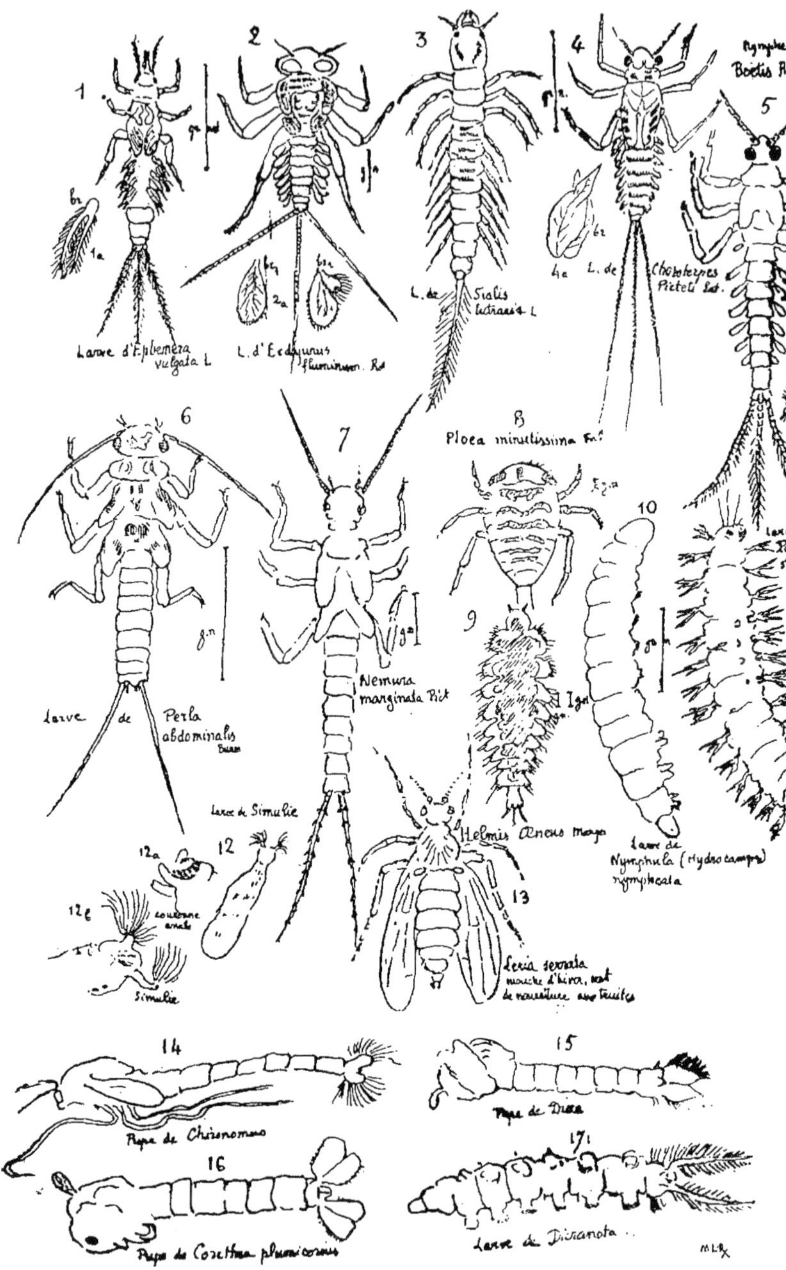

Pl. XXI. — La Faune littorale. Insectes.

Mollusques. — *Lymnœa stagnalis ; L. palustris L. limosa ; Planorbis carinatus ; P. marginatus ; P. contortus ; Neritella fluviatilis ; Dreissensia polymorpha ; Valvata piscinalis ; Bythinia tentaculata ; Ancylus fluviatilis ; Sphœrium corneum ; Pisidium amnicum* (Pl. XIX).

Insectes. Ephémerides. *Ephemerella vulgata, Sialis lutraria ; Cœnis dimidiata ; Ecdyurys fluminum ; Bœtis Rhodani ; Perla abdominalis ; Nemura marginata ; Choroterpes Picteti* (Pl. XXI).

Odonates ; *Gomphus pulchellus ; Onychogomphus uncatus ; Enallagma cyathigera* (Pl. XVIII).

Trichoptères. *Phryganea grandis ; Leptocerus aterrimus,* sur les feuilles des plantes aquatiques ; *Oocetis lacustris ; Drusus discolor,* tube en mosaïque de petites pierres ; *Goera pilosa,* abri composé de petits cailloux agglomérés en forme de toit ; *Anabolia nervosa,* tube fixé à un débris de bois ; *Mystax nigra Ryachophila vulgaris ; Hydropsyche maculicornis,* tubes sur les cailloux ; *Hyd. pellucida ; Ryachophila nubila ; Hydroptyle pulchricornis,* dans un étui siliquiforme sous les pierres (Pl. XVIII).

Coléoptères : *Helophorus granularis ; Hydrœna riparia ; Riolus cupreus ; Agabus nebulosus ; Haliplus variegatus ; Helmis œneus ; Haltica pseudacori.*

Lépidoptères : *Nymphula (Hydrocampa) nympheata* larves se construisant un fourreau aux dépens des feuilles de Nuphar ou de Villarsia (1) ; *Paraponyx striatota* sur les mêmes feuilles (Pl. XXI).

Hemiptères : *Ploea minutissima* nageant sous très peu d'eau sur les fonds marécageux ; *Ranatra linearis* ; *Notonecta glauca Nepa cinerea ; Velia currens.*

Diptères : *Simulium,* dans les ruisseaux des marécages ; *Dicranota,* embouchure de la Leysse et anse de Lévicher ; *Chironomus plumosus,* dont les larves construisent leurs tubes sur les pierres. L'imago vole en grand nombre en octobre à la surface du lac ; *Corethra plumicornis,* les pupes reposent sur le limon près des bords ; *Tanypus,* volant de décembre à fin

(1) Une formation considérable de *Villarsia nymphoïdes* existe sur la beine S. à l'embouchure du Terret-nu. Toutes les feuilles de ces Gentianées sont abondamment tachées des auréoles orangées de l'Aecidie de *Puccinia Scirpi,* forme anciennement désignée par de Candolle sous le nom d'*Aecidium Nymphoïdes.*

janvier à la surface de l'eau ; elle sert de nourriture aux Truites (Pl. XXI).

***

A la faune littorale, il faut rattacher lès espèces qui habitent les marécages, les affluents et qui sont d'ailleurs toutes représentées dans le lac. Comme elles jouent un rôle important dans l'économie piscicole, en qualité d'éléments nutritifs des alevins et des Salmonidés adultes, leur répartition dans les eaux des torrents sera étudiée dans le chapitre relatif à la capacité nutritive de ces affluents.

LES VERTÉBRÉS

L'étude biologique du Bourget, pour être complète doit comprendre l'énumération des animaux supérieurs, Mammifères, Reptiles, Amphibiens, qui habitent ses bords, quoique ne faisant pas partie de sa faune proprement dite et n'y figurant qu'à titre adventif. Il en est de même des Oiseaux qui fréquentent le lac, soit comme *espèces de passage*, soit comme *sédentaires*, nichant dans le pays, mais qui recherchent dans les eaux leur nourriture principale. En raison de leur importance économique, une partie sera consacrée à la biologie spéciale des Poissons.

MAMMIFÈRES

Carnassiers

La Loutre. *Lutra vulgaris* Erxl.. C'est une espèce plutôt fluviatile, elle est erratique dans la faune du Bourget (Bords de la Leysse) et cause des ravages parmi les poissons.

Cheiroptères

Parmi les chauve-souris, on ne peut citer qu'une espèce vraiment hydrophile : le Vespertilion moustac. *Vespertilio mystacinus* Leisler qui vole le soir, près des rives à la surface de l'eau, à la façon des hirondelles, pour y capturer les insectes. Les moustacs nichent dans les creux des rochers.

Insectivores

La Musaraigne d'eau. *Crossopus fodiens* Pallas, fréquente le bord des eaux. Elle nage très bien et peut causer des dégâts dans les frayères. C'est un ennemi des jeunes poissons et des grenouilles.

Rongeurs

Le Campagnol connu sous le nom de Rat d'eau. *Arvicola amphibius* L, est d'une couleur plus sombre que l'espèce terrestre ; sa queue est aussi plus allongée. On le rencontre à l'embouchure des affluents (Leysse, Tillet). Ce Campagnol nage facilement et donne la chasse aux grenouilles et même aux poissons.

LES OISEAUX (17)

Rapaces

Milan noir ou pêcheur. *Milvus niger* Brisson, niche dans les rochers de Brizon-St-Innocent et de la côte occidentale. Il plane au-dessus des barques de pêcheurs, pour enlever les poissons au moment où l'on ramène le filet.

Aigle Jean-le-Blanc *Circaetus gallicus* Vieil. niche dans les rochers de la côte Ouest, depuis Bourdeau jusqu'à Hautecombe.

Faucon cresserelle. *Falco tinnunculus* Vieill. prairies marécageuses.

Aigle pygargue. *Falco albicilla* Temm. chasse en hiver les canards sauvages.

Aigle balbusard. *Falco haliœtus* Temm. Aigle pêcheur. On le voit souvent pêcher les Gardons au moment de leur frai. Habite les bords et les marais au printemps.

Milan royal. *Falco milvus* Temm. grand pêcheur de poissons. Niche dans les rochers de Bourdeau, jusqu'à Hautecombe et aussi à la Dent-du-Chat.

Buse bondrée. *Falco apivorus* Temm. habite les taillis et les bois, au voisinage de l'eau.

Chelidons

Engoulevent commun. *Caprimulgus europaeus*. Tem., rocailles du Mont du Chat, bords marécageux au village du Bourget.

Martinet a ventre bleu. *Cypselus alpinus*, arrive en fin d'avril et émigre fin juillet.

Hirondelle domestique. *Hirundo rustica* L., arrive du 25 mars au 5 avril, part au commencement de septembre.

Hirondelle des rochers. *Hirundo rupestris* L. Rochers de Bourdeau et d'Hautecombe, Brizon, La Chambotte, émigre au commencement d'octobre.

(17) Les notes relatives à ce groupe sont empruntées à l'Ornithologie de la Savoie par Bailly et complétées par des renseignements recueillis sur place.

Hirondelle des rivages. *Hirundo riparia* Vieill., bords sablonneux et rocailleux du lac. Niche dans les rochers de Brizon, arrive en même temps que l'Hirondelle sociable le 8 ou 10 avril.

Martin pêcheur. *Alcedo hispida* Vieil., grand consommateur de petits poissons, se tient à l'embouchure des affluents.

Passereaux

Cincle plongeur. *Cinclus aquaticus* Bechst., vit sur la grève. Se nourrit de crustacés, insectes, mollusques, frai et très petits poissons.

Merle de roche. *Turdus saxatilis*. Tem. Rochers du lac jusqu'à Hautecombe.

Traquet stapazin. *Saxicola stapazina* Tem. Brizon, rocailles qui bordent le lac ; environs de Bourdeau.

Rousserolle. Rossignol des marais. *Turdus arundinaceus* L., roselières du Bourget.

Rousserolle des marais. *Calamoherpe palustris* Bechst.

R. des roseaux. *Calamoherpe arundinacea* d S. L.

R. locustelle. *Calamoherpe locustella* de S. L. Bords de la Leysse.

Echassiers

Œdicnème criard. *Charadrius œdicnemus* L., chaque année sur les bords sablonneux.

Pluvier a collier. *Charadrius hiaticula* Tem. bords sablonneux.

Petit pluvier a collier. *Char. minor*. Tem. de mai et juin à mi-octobre.

Vanneau pluvier. *Vanellus melanogaster* Tem., graviers des rives et prairies marécageuses en août et septembre.

Héron aigrette. *Ardea egretta* Vieill. *Rare* espèce du S.-E. de l'Europe et du N. de l'Afrique, tuée pendant l'hiver de 1847.

Héron garzette. *Ardea garzetta* Vieill. marécages, avril à août.

Héron crabier. *Ardea comata* Vieil. R observé en avril 1851.

Héron blongios. *Ardea minuta* L. parmi les roselières.

Héron bihoreau. *Nycticorax griseus* Str. parmi les roselières.

Cigogne blanche. *Ciconia alba* Bechst. R, en 1848 et en 1850, 30 à 40 jeunes en deux passages : avril et juillet.

Cigogne noire. *Ciconia nigra* L. R. en 1844 et en 1853, rochers boisés.

Spatule blanche. *Platanea leucorodia* L. RR. Nord de l'Europe et de l'Afrique, en août.

Ibis falcinelle. *Falcinellus igneus* Leach. R. Ibis egyptien, 5 individus en 1854.

Courlis cendré. *Numenius torquatus* Cuv.

Courlis a bec grêle. *Num. tenuirostris* Vieil ; marécages du Bourget, septembre-octobre.

Chevalier arlequin. *Totanus fuscus* L. ; bords fangeux et graveleux du lac ; septembre.

Chevalier stagnatile. *T. stagnatilis* Bechst ; bords fangeux et graveleux, avril et août.

Chevalier guignette. *Actitis hypoleucos* L., en été, délaissés du lac et Leysse.

Chevalier aboyeur. *T. glottis* Bechst. fin de l'été, graviers du lac, se nourrit de mollusques.

Chev. combattant. *Machetes pugnax* L., mars-avril ; septembre-octobre.

Barge rousse. *Limosa lapponica* L. marécages, avril et fin d'été.

Double bécassine. *Gallinago major* Gm., août et septembre.

Bécassine. *Gallinago scolopacina* Bp. printemps et automne.

Bécasseau violet. *Tringa maritima* Br. R, automne et hiver.

Bécasseau Temmin. *Pringa Temmincki* Vieill., octobre.

Bécasseau minulle. *Tr. minuta* Vieil., août, septembre.

Sanderling variable. *Calidris arenaria* V. R. hiver 1852.

Echasse a pieds rouges. *Himantopus rufipes*. Bechst. RR. nord du lac.

Rale d'eau. *Rallus aquaticus* L., mars-avril, septembre-octobre.

Poule d'eau. *Gallinula chloropus* L., mars-avril, septembre octobre.

Foulque macroule. *Fulica atra* L., février-mars,automne,

Phalarope hyperboré. *Phalaropus cinereus*, Vieill, RR. tué en novembre 1850.

PALMIPÈDES

Hirondelle de mer Canjek. *Sterna cantiaca* Gm. RR,

Hir. épouvantail. *Hydrochelidon nigra* Boie. juillet à octobre.

Goeland a manteau noir. *Larus maximus* L. R. octobre 1846.

Goeland a pieds jaunes *L. fuscus.*

— a pieds bleus. *L. canus.*

Mouette tridactyle. *Larus tridactylus.* R.

Mouette rieuse. *Xenia ridibundus* L.

Stercoraire pomarin. *Lestris pomarina.* Temm. R. oct. 1847 et nov. 1851.

LAMELLIROSTRES

Oie rieuse. *Anser albifrons.* Bechst. R. décembre janvier.

Oie vulgaire. *Anser segetum* Mey., pendant les hivers très froids.

Cygne sauvage a bec jaune. *Cygnus musicus* Bechst, décembre.

Cygne tuberculé. *C. olor* L. vit à l'état domestique, se reproduit sur le lac où il niche en avril.

Canard sauvage. *Anas boschas* L.

» pilet. *A. acuta* L.

» siffleur. *A. penelope* L.

» Sarcelle d'hiver. *A. crecca* L.

» Souchet. *Spatula clypeata* L.

» double macreuse. *Oidemia fusca* L.

» macreuse. *O. nigra* L. par bandes en hiver.

» milouin. *Fuligula ferina* L. en octobre.

» garrot. *Clangula glaucion* C. B. novembre, décembre.

» morillon. *Fuligula cristata* L. octobre et novembre.

Harle piette. *Mergus albellus* L. octobre, novembre, décembre.

H. huppe. *M. serrator* L. octobre, novembre, chasse activement les poissons.

Cormoran. *Carbo cormoranus* Mey. R. novembre, décembre, janvier. Excellent pêcheur, 10 individus furent tués à Terret nu en novembre 1853.

Plongeon imbrin. *Colymbus glacialis* L. fin de l'automne, dévore le frai et des poissons.

Pl. lumme. *C. arcticus* L. en hiver, rochers de Bourdeau et de Brizon.

Pl. Cat marin. *C. septentrionalis* L. décembre et janvier, aux environs du Grand Port et vers les rochers de Brizon ; se nourrit de poissons.

Grèbe huppé. *Podiceps cristatus* L. de novembre à mars.

G. oreillard. *P. nigricollis* L. d'octobre au printemps.

Grèbe castagneux. *Podiceps minor* L. d'octobre au printemps.

REPTILES

La Couleuvre vipérine. *Tropidonotus viperinus* Lat., habite les marécages et le bord des eaux du lac. Elle nage entre les herbes aquatiques à la poursuite des petits poissons et des grenouilles.

La Couleuvre a collier. *Tropidonotus natrix* L., également bonne nageuse, se nourrit de grenouilles, sur les bords du lac et dans les marécages.

La Vipère d'eau. *Tropidonotus tessellatus* Laurent, habite les bords du lac et donne la chasse aux grenouilles et aux petits poissons.

On peut aussi signaler parmi les Lacertiens, le Lézard vert, *Lacerta veridis* L. et le Lézard des sables L. *arenicola* qui se rencontrent sur les enrochements, au bord des eaux, dans les endroits chauffés par le soleil. Est et falaises rocheuses de la côte Ouest.

AMPHIBIENS

La Grenouille verte. *Rana esculenta* L. Espèce palustre, fréquente les Roselières et le Crapaud des joncs, *Bufo calamita* Laur.

La Salamandre tachetée, *Salamandra maculosa* Laur.

Le Triton a crête. *Triton cristatus* Laur. ; le Triton marbré. *Triton marmoratus* Laur. Ces trois espèces vivent dans les marécages.

DEUXIÈME PARTIE

Les Poissons
dans les deux grands lacs Savoyards [18]

Les lacs du **Bourget** et d'**Annecy** offrent un caractère ichtyologique tout spécial.

Le milieu aquatique constitué par nos deux grands bassins savoyards peut être considéré comme l'épanouissement sur une large superficie de la ligne de démarcation idéale entre les eaux de montagne et celles de la plaine.

Dans les premières, froides et puissamment aérées par la rapidité du courant qui écume contre les obstacles, vivent exclusivement les *Salmonidés* (Truites) ; car ces poissons doués d'une vaste capacité respiratoire exigent pour assurer cette fonction une proportion d'oxygène dissous de 6 à 7 centimètres cubes par litre.

La partie basse de ces torrents est en outre habitée par les petites espèces fluviatiles : Soueffe, Chabot, Loche, qui tiennent là compagnie aux Truites.

Dans la plaine, où fleuves et rivières tendent de plus en plus vers leur profil d'équilibre définitif, les eaux coulent tranquilles et lentes ; elles se maintiennent à une moyenne de température plus élevée. C'est le domaine des *Cyprinidés*. pour lesquels une quantité d'oxygène dissous de 3 à 4 centimètres cubes suffit amplement.

(18) La première partie de ce mémoire consacrée à la biologie générale du lac du Bourget constitue ainsi une **Monographie** aussi complète que possible de ce grand bassin lacustre sur lequel quelques notes seulement ont été publiées jusqu'à ce jour par divers naturalistes.

La deuxième partie traitera de **l'hydrobiologie piscicole comparée** des lacs du Bourget et d'Annecy ainsi que des considérations en vue d'une réglementation rationnelle de la pêche en Savoie, telle qu'on peut l'établir à la lumière des faits observés.

Les deux lacs du Bourget et d'Annecy, où le faible degré thermique du milieu permet un large développement des Salmonidés, constituent cette zone intermédiaire des eaux moyennes où Cyprinidés et Salmonidés sont également représentés en notables proportions.

***

Les Salmonidés carnassiers trouvent dans ces lacs une nourriture abondante grâce aux « Poissons blancs » qu'ils chassent activement. Seules les espèces lacustres proprement dites, les Corégones : Lavaret, Bezoule (Bourget), Corégone alpin (Annecy) se contentent à peu près exclusivement des Crustacés minuscules composant le Plancton : élément essentiel qui marque l'un des stades du cycle alimentaire des lacs.

Autour des Truites, qui se raréfient depuis un certain nombre d'années au Bourget, mais qui sont relativement abondantes au lac d'Annecy, viennent se grouper les Ombles-Chevalier, notables destructeurs de Cyprinidés.

Les Cyprinidés, d'autre part, ne laissent pas de se propager largement en raison de la capacité nutritive des eaux qui baignent les vastes associations végétales des rives, des hauts-fonds des estuaires et des beines où pullulent d'innombrables organismes.

Si les Salmonidés peuvent si parfaitement s'adapter aux eaux moyennes de nos lacs, c'est que leur développement est d'abord fonction de la quantité de plancton qu'elles contiennent et ensuite de la proportion d'oxygène dissous dans ces eaux.

Or, cette proportion se maintient toujours à peu près constante. C'est ici qu'intervient le rôle merveilleux du plancton. Si celui-ci est d'une part un élément nutritif indispensable aux jeunes poissons, d'autre part, les myriades d'organismes qui en forment la *partie végétale* (le Phyto-plancton) servent précisément à maintenir l'équilibre dans la teneur de l'eau en gaz dissous.

Les dosages quantitatifs et qualitatifs de plancton opérés dans tous les mois de l'année au Bourget, m'ont permis de constater des périodicités ou variations saisonnières très nettes. En effet les organismes flottants se développent énormément au printemps et en été, justement à une époque où la température s'élevant, l'eau est plus pauvre en gaz dissous. Mais alors les protophytes (minuscules plantes du plancton) agissent énergiquement en réduisant l'acide carbonique par les échanges gazeux dus à l'activité vitale de la fonction chlorophyllienne : la photosynthèse. Inversement, la quantité de plancton diminue en hiver. En compensation la température très basse favorise le maintien dans les eaux de la proportion constante et nécessaire d'oxygène dissous.

Il y a là à noter un harmonieux balancement organique dont la finalité a pour expression un double but : l'abondante nourriture planctonique pour les poissons et l'aération des eaux indispensable à la vie des Salmonidés, dont les exigences sont à cet égard extrêmement impérieuses.

Liste des espèces habitant les lacs du Bourget et d'Annecy

Indigènes + Importées ×

	Bourget	Annecy
Famille des Percidés.		
Perca fluviatilis L. Perche	+	+
Acerina cernua L. Perche goujonnière	+	O
Eupomotis gibbosus L. Perche soleil	O	×
Famille des Cottidés.		
Cottus gobio L. Sassot	+	+
Famille des Blennidés.		
Blennius fluviatilis Asso. Blennie alpestre *Alpestris* Blanch.	+	O
Famille des Cyprinidés.		
Cyprinus carpio L. Carpe	+	+
C. regina variété	O	+
Tinca vulgaris L. Tanche	+	+
T. aurata Sch. Tanche dorée	O	+
Barbus fluviatilis C. V. Barbeau	+	O
Cyprinus gobio L. Goujon	+	×
Abrama brama L. Brême	+	+
Hybride Brême × Rosse	+	O

	Bourget	Annecy
Alburnus lucidus Heck. Ablette Mirandelle........	+	+
Scardinius erythrophtalmus L. Rosse..............	+	O
Gardonus rutilus L. Gardon......................	+	+
G. var. *pallens* Bl..............................	O	+
Leuciscus cephalus L. Chevaine.................	+	+
Leuciscus vulgaris L. Vandoise..................	+	O
Squalius Agassizi C. V. Blageon, Soueffe...........	+	+
Phoxinus lœvis Ag. Vairon......................	+	+
Chondrostoma nasus L. Nase, Hottu...............	+	O
Idus orfus L. Ide, Melanote.....................	O	×
Famille des Cobitidés.		
Cobitis barbatula L. Dormille, Loche..............	+	+
Famille des Clupeidés.		
Clupea alosa L. Alose..........................	+	O
Famille des Salmonidés.		
Coregonus lavaretus L. Lavaret.................	+	×
Coregonus bezola Fatio. Bezoule..................	+	O
Coregonus Schinzii alpinus = *helveticus* Fatio Corégone alpin..............................	O	×
Salmo trutta L. *forma major, f. minor*..............	+	+
Truite var. Truite bleue ou argentée, forme féconde et forme stérile............................	+	+
Salmo irideus Gibb. Truite arc-en-ciel.............	×	×
Salvelinus umbla L. Omble chevalier..............	+	×
Salvelinus fontinalis Mitch. Saumon de fontaine....	×	×
Famille des Esocidés.		
Esox lucius L. Brochet..........................	+	O
Famille des Siluridés.		
Ameiurus nebulosus Lesueur. Poisson-Chat........	×	×
Famille des Anguillidés.		
Anguilla anguilla L. Anguille....................	+	+
Famille des Gadidés.		
Gadus lota. L. Lotte..........................	+	+
Famille des Pétromyzonidés.		
Petromyzon marinus L. Grande Lamproie..........	+	O

DESCRIPTION ET BIOLOGIE DES ESPÈCES ET OBSERVATIONS SUR LA PÊCHE

La Perche *Perca fluviatilis* L.

Il existe au lac du Bourget deux variétés de Perches :

1° L'une aux bandes vivement colorées qui se tient sur la beine.

2° L'autre à teinte plus sombre et à taches noires plus ou moins distinctes, à dos plus voûté, vit sur le talus de la beine à la limite du Bleu et voyage généralement en eau plus profonde.

Ces deux variétés sont connues dans les lacs suisses, où elles présentent les mêmes particularités de livrée et d'habitat, sous les noms de *Trichter-Egli* et de *Land-Egli* : perche de fond et perche des bords.

La Perche, qui peut atteindre exceptionnellement une taille de 0 m. 60, est très vorace. Elle chasse activement les Mirandelles dont elle poursuit les bancs sur les fonds de gravier où des milliers de ces cyprins sont en train de frayer. Elle ravage également les frayères de Truites et de Lavarets.

Les *Perchettes* d'un an mesurent 8 cm. de longueur, celles de 3 ans (*demi-perches*) sont adultes et atteignent 15 à 20 centimètres. Ce sont ces jeunes qui, en troupes nombreuses, suivent la côte et se massent à l'embouchure des affluents. Elles se nourrissent d'alevins, d'insectes, de crevettes, de petits mollusques et dévorent souvent leur propre frai.

Comme tous les Cyprinidés qui montrent un tropisme thermique très marqué, aux premiers froids, Perches et Perchettes se retirent dans la profondeur où elles se tiennent en état de vie ralentie hibernante tandis que les Salmonidés continuent à se déplacer.

Les Perchettes d'un ou deux ans apparaissent en quantité à certaines périodes de l'année et voyagent en bancs compacts. Elles poursuivent au large les jeunes Ombles-Chevalier qu'elles dévorent.

Au début du printemps, quand la végétation aquatique reprend son activité, que les houppes des algues vertes filamenteuses commencent à recouvrir les cailloux de leurs gazons, et leurs flocons à s'agglomérer sur les tapis de Charas et de Myriophylles, les Perches se rapprochent de la Beine où s'effectuera l'acte reproducteur.

La Perche fraye en beine et surtout sur le mont du 15 *mars au* 15-20 *mai*. Elle dépose ses chapelets d'œufs, reliés par un ruban mucilagineux sur les plantes (Potamogeton, Myriophyllum, Chara) qui tapissent la beine et le mont. Ce chapelet de plus de 1 m. de longueur et de 4 à 5 centimètres de largeur est composé de cent à deux cent mille œufs.

Une quinzaine de jours après, les alevins éclosent.

Des observations poursuivies pendant toute la période du frai m'ont démontré que le 20 mai, les Perches ont terminé leur ponte. Dès le 23 mai, les ovaires et testicules sont extrêmement réduits.

Ce n'est qu'à partir du mois de septembre que les organes sexuels semblent accuser une nouvelle activité.

Pendant les mois d'octobre, de novembre et de décembre les ovaires se montrent gonflés d'œufs dont le diamètre atteint 9/10 de ^{mm}. Or la dimension des œufs mûrs est de 2^{mm} à $2^{m}5$. Il y a là un phénomène dont il ne faut pas s'exagérer l'importance. Les organes reproducteurs commencent de bonne heure leur développement qui s'arrête ensuite, pour reprendre leur activité au moment où l'eau atteint la température de 12 à 13 degrés. Dès le mois de février, on constate souvent que chez les Perches, les organes sexuels s'approchent de la maturité et que la laitance s'échappe sous la pression des doigts.

Localisation des frayères.

D'une manière générale la Perche affectionne comme station pour y déposer ses œufs, le mont de la beine, très garni de plantes. Les frayères sont donc indiquées au large par la courbe bathymétrique de 5 m.

Les Perches fréquentent en outre toutes les parties de la beine abondamment pourvues de végétation ; les beines Nord et Sud du lac, et tous les délaissés de la rive Est ; la baie de Mémart, sous Talamont et autour du haut fond garni de roseaux en face Mémart ; toute la baie de Grésine, depuis le tunnel jusqu'à la pointe Sud ; sur la rive Ouest : la baie de Hautecombe.

Lac d'Annecy. — Les deux variétés de Perches habitent également le lac d'Annecy. Les frayères se trouvent d'une façon générale à la limite du blanc-fond vers la courbe bathymétrique de 5 mètres ; dans le Grand-Lac, depuis la Puya, par Albigny et la côte Est jusqu'au torrent de Menthon. A partir de ce point, la côte très accore du Roc de Chère dépourvue de végétation macrophytique ne permet pas l'établissement des frayères. Celles-ci reparaissent au cône de déjection du torrent d'Angon jusqu'au bout du lac. Une zone circulaire s'établit autour du haut fond du Roselet, en face Duingt (individus de forte taille), puis les frayères se poursuivent le long de la Phragmitaie de la beine où les Potamots sont très développés, jusqu'au port d'Annecy.

Observations.

Doit-on protéger ces poissons très carnassiers ou bien s'opposer à leur multiplication ? Il est évident que la Perche est d'un goût très délicat et d'une valeur marchande à considérer. D'autre part les individus de *forte taille* font des ravages considérables ; ils suivent les Cyprinidés (Gardons, Mirandelles), quand ceux-ci vont frayer et en détruisent un grand nombre.

Il faudrait donc, au moment du rassemblement sexuel des Cyprinidés, écarter les grosses Perches du bord par tous les moyens possibles.

Autoriser à ce moment l'emploi des Verveux, engin garni de branches de résineux, ces essences attirant particulièrement les Perches ; celles-ci entreront dans la nasse à *l'exclusion* de tout autre poisson.

Etablir près des rives, aux endroits reconnus comme frayères, des clayonnages ou treillis métalliques. Les Perches viendront s'engager au moment de la ponte dans ces réseaux que l'on pourra enlever rapidement. On détruira ainsi tous les œufs qui restent adhérents au treillis.

Permettre les pêches exceptionnelles de perchettes du 1er *mars* au 1er *avril* et aussi du 15 *septembre* au 15 *octobre*, mais pas plus tard que cette derniere date, car sous prétexte de pêcher des Perches, on pourrait capturer des Ombles. Ces pêches exceptionnelles ne devront pas être autorisées en été, car à cette époque les bancs de Perchettes sont mélangés de Salmonides.

La Perche est parasitée par : *Cucullanus elegans ; Tetracotyle pescae ; Triœnophorus nodulosus ; Cyathocephalus truncatus* ; *Echinorhynchus.*

La Perche goujonnière *Acerina cernua* L.

La Perche goujonnière est un poisson vorace qui est un grand dévastateur de frayères.

Elle se retire en profondeur pendant l'hiver et revient en beine au printemps.

Elle fraye dans les mêmes conditions que la Perche en *avril et mai* déposant ses œufs en chapelets adhérents sur les plantes aquatiques de la beine ou sur le sable.

La Perche goujonnière fréquente tous les bords du lac, au même titre que les Cyprinidés ; on la pêche facilement au mois d'août. L'une de ses stations est la rive graveleuse sous le village des Cochets, au nord du Port de Drivet.

Lac d'Annecy. La Perche goujonnière n'existe pas.

Le Chabot : Sassot *Cottus gobio* L.

Ce petit poisson vit sous les pierres du littoral et à l'embouchure des cours d'eau qui se déversent dans le lac, ainsi que dans l'émissaire.

Il fraye en *avril et mai* et dépose ses œufs dans une cavité pratiquée sous les cailloux. Le chabot sert d'amorce pour la Lotte, le Brochet, la Perche et le Chevaine. On le pêche à la fourchette ou en traînant à contre-courant un troublet ou filet emmanché.

Lac d'Annecy. On rencontre partout le Sassot, sous les pierres immergées des rives du lac, à l'entrée des affluents et au débouché des émissaires (canaux). Il sert aux pêcheurs d'amorce pour la ligne de fond.

La Blennie alpestre *Blennius alpestris*. Blanch.

Le genre Blennie est représenté au Bourget par une jolie petite espèce *Blennius alpestris*, découverte par Blanchard en 1862, au cours d'une exploration ichtyologique sur ce lac.

C'est un poisson long de 13 cm. au maximum, délicatement lavé d'une teinte marron, finement sablé de noir et relevé de gros points de même couleur ; de courtes bandes transversales courent sur les flancs jusqu'au ventre qui est blanc d'argent. Un appendice frangé long et grêle surmonte l'œil.

Cette Blennie qui fut capturée au filet à l'embouchure de la Leysse n'arrive qu'accidentellement dans le lac où elle peut être envisagée comme élément erratique, car elle vit sous les pierres dans le torrent.

La Blennie alpestre existe dans d'autres ruisseaux tributaires du lac du Bourget et elle doit être considérée comme une simple variété de la Blennie cagnette.

Les pêcheurs la confondent avec le Sassot et s'en servent pour amorcer leurs lignes.

Lac d'Annecy. La Blennie alpestre n'existe pas.

La Carpe *Cyprinus Carpio* L.

La Carpe type (C. *carpio*) existe seule au Bourget. Les quelques variétés accidentelles de couleur, noire, bleue, verte, rougeâtre que l'on peut constater chez certains individus de cette espèce sont le résultat d'adaptations locales.

La Carpe se nourrit de plantes aquatiques, de vers et d'organismes enfouis dans la vase qu'elle sait très bien aller chercher en creusant des sillons et fouillant le sol de son museau comme la Brême. Elle ne dédaigne pas non plus les proies animales car on a constaté qu'elle dévore parfois des alevins. L'autopsie d'une carpe de 6 kilos a fait sortir de son estomac quelques jeunes perchettes.

Des individus de très forte taille fréquentent la côte rocheuse entre Bourdeau et Hautecombe. Les pêcheurs les appâtent au moyen de pomme de terre à demi-cuite et les capturent à l'hameçon armé d'un gâteau composé de farine, de sucre et de safran.

Quand les eaux sont basses on pêche les Carpes à la senne. A Bon-Port, en une seule pêche on en a ramené un jour un millier de kilogs.

Aux environs du Terret-Nu, où la Carpe est très abondante, il n'est pas rare de pêcher des spécimens atteignant un poids de 15 à 16 kilogs.

Ce poisson se tient sur les bords pendant tout l'été (Leysse, Bon-Port, Port Choudy, Sierroz) et pendant la mauvaise saison il regagne la profondeur où il se tapit dans le limon.

Dès que la température se relève, la Carpe commence à arriver en beine. Elle vient frayer de bonne heure lorsque la température est suffisamment élevée, mais la ponte exige pour se produire que l'eau atteigne 18 degrés.

L'époque de la ponte varie du 15 *mai à la fin de juin.*

Dès le 3 juin 1917, les Carpes avaient effectué leur rassemblement sexuel et frayaient en troupes nombreuses à l'amont du pont du marais de Terret-Nu.

Localisation des frayères.

Partout où croissent, les plantes aquatiques ; Potamots, Fétuque flottante, la Carpe dépose ses œufs adhérents. Les bonnes frayères sont constituées par tous les délaissés de la rive Est, les beines Sud et les marécages du Terret-Nu, la beine Nord entre la Châtière et le canal de Savières.

Lac d'Annecy. — La Carpe commune *C. carpio* et sa variété *regina* Bon. forme italienne qui tient le milieu entre *C. hungaricus* et *C. elatus* vivent en été sur la beine ou à la limite du bleu et descendent en profondeur pour y passer la mauvaise saison.

Elle établit ses frayères vers les marais d'Albigny, de Saint-Jorioz, de Duingt, du Bout du Lac. Sur la côte de Sevrier, une ancienne carpière, délaissé du lac, a été comblée par les déblais de la ligne de chemin de fer.

Le déclanchement de la ponte se fait de bonne heure lorsque la température est suffisamment élevée. Dès le 20 mai, on a vu des Carpes immobiles à fleur d'eau près d'Albigny, se réchauffant pour préparer leur frai.

La température optima des eaux doit être de 18 à 20 degrés. Il ressort toutefois d'une statistique portant sur une période de quinze années que l'eau du lac atteint en moyenne 14 degrés pendant la première moitié de juin ; 18 degrés du 15 juin au 15 juillet et 20 degrés fin juillet. On a constaté en effet l'arrivée de la Carpe aux bords pour y frayer en *juillet* fait exceptionnel résultant d'un printemps et d'un début d'été particulièrement froids.

Au lac d'Annecy les Carpes ne se pêchent pas au filet. Les amateurs peuvent les capturer quelquefois à la ligne, en amorçant avec des pommes de terre ou comme appât un gâteau de *matafan.* Les professionnels ne pratiquent pas cette pêche.

On peut capturer les Carpes aussi à la nasse (côte de Saint-Jorioz) ou au moment du frai à la foene ou au trident lorsqu'elles sont en somnolence, presque immobiles.

Cette espèce étant en somme peu pêchée se multiplie bien dans le lac où elle atteint parfois d'énormes dimensions.

La Tanche *Tinca vulgaris* L.

La Tanche habite pendant l'été les parties du lac dont le fond est vaseux et herbeux (beines Nord et Sud, délaissés de Grésine, Port-Choudy). Pendant l'hiver elle s'enfonce dans la vase où sa peau prend une teinte noirâtre.

Lorsqu'elle est demeurée longtemps dans les eaux du lac, à une faible profondeur, la Tanche acquiert une belle couleur jaune-verdâtre presque dorée. Elle atteint parfois un poids de plus de 3 kilos et sa peau est dans ce cas d'une épaisseur énorme (1 centimètre).

La fraye commence dès que l'eau arrive à la température de 16 à 17°. La Tanche recherche surtout pour y effectuer sa ponte, les Potamots flottants (*Potamogeton perfoliatus, P. lucens, P. natans.*)

Il résulte d'observations effectuées en mai et juin 1917 que les œufs sont tout près de leur maturité dans la *première quinzaine de juin.* La période du frai est *terminée fin juin.*

La Tanche choisit comme frayères les mêmes parages que la Carpe. Elle arrive sur les beines et dans les cours d'eau des marécages, effectue sa ponte pendant deux ou trois jours, puis reste une quinzaine de jours sans frayer suivant les variations de température. Elle profite pour cette opération des temps orageux ou des périodes de forte chaleur puis elle s'éloigne de la beine.

Lac d'Annecy. — La Tanche adopte comme frayères les mêmes parages que la Carpe. Elle arrive vers la fin de mai et pendant tout le mois de juin dans les bas-fonds des beines Albigny (Sevrier, Bout-du-Lac).

Une variété : la *Tanche dorée* est parfois pêchée dans le lac (côte de Sevrier, Beau-Rivage). Sa couleur est d'un jaune orangé très chaud, le corps est parsemé en outre de taches noires. C'est une variété ornementale très belle.

La Tanche, comme le Gardon, est souvent parasitée par un Cestode *Ligula digramma* Crep, dont la prolifération détermine chez ce poisson un ballonnement énorme du ventre.

Le Barbeau *Barbus fluviatilis.* C. et V.

Le Barbeau devient rare au Bourget. Depuis une dizaine d'années on n'en a pour ainsi dire point pêché.

Ce poisson se prend sur la côte, non loin du bord, en janvier, quand on pêche le Lavaret.

Il fraye *en mai* et dépose ses œufs sur les fonds sableux et graveleux.

Lac d'Annecy. — Le Barbeau n'y existe pas.

Le Goujon *Cyprinus Gobio f. Cuv.*

Le Goujon est très abondant dans le lac. Il vit en sociétés et se tient surtout à l'embouchure des affluents. Sa nourriture se compose de vers, petits mollusques et larves d'insectes. Il ne se prive pas également de dévorer le frai des autres poissons ; ses organes de tact, les barbillons, lui servent à découvrir les petites proies cachées dans le limon. Le Goujon recherche pour sa ponte les fonds sablonneux, après avoir passé l'hiver sous les abris que lui procurent les débris végétaux qui parsèment la beine ou l'embouchure des affluents.

L'époque du frai est *mai et juin.*

Ses meilleures frayères sont sur la beine Sud, vers Terret-Nu et de Drivet à Bourdeau.

Lac d'Annecy. Un essai d'acclimatation du Goujon a été fait par la Société de pêche d'Annecy. 2.000 adultes ont été immergés en 1909. Ce Cyprinide ne paraît pas avoir réussi. Deux ou trois exemplaires seulement ont été capturés en 1911 sur la côte Est, sous Chavoire : c'étaient probablement des individus ayant fait partie du lancement primitif.

Le Goujon est parasité par la *Ligule* et un *Ascaris* (sp.)

La Brême *Abramis brama* L.

Espèce très abondante au Bourget. Elle vit en beine parmi les roselières, à Port-Choudy, au débouché de l'égoût collecteur, à Terret-Nu et sur les côtes Nord et Est, dans les délaissés (Quinsard, Grésine).

Les Brêmes se nourrissent de matières végétales, de vers et de petits mollusques ; elles fouillent la vase de leur museau en progressant par bonds successifs.

Lorsque les Brêmes effectuent leur rassemblement sexuel, elles s'agitent en troupes bruyantes ; elles vont déposer leurs œufs par paquets sur les herbes aquatiques.

La période du frai est en *mai, entre le* 8 *et le* 10 : elle est terminée *fin mai,* ainsi qu'il résulte de l'examen des organes génitaux de ces poissons. Par les temps doux et lors des pluies persistantes la Brême *fraye dès le* 15 *avril.*

Localisation des frayères.

Les délaissés du lac depuis Châtillon jusqu'à Terret-Nu, les roselières de l'extrémité Sud et Nord du lac.

La Brême se croise avec le Gardon blanc ou le Gardon rouge pour donner un hybride appelé par les pêcheurs Vairon× Brême ou Auvergnat. Ces hybrides se pêchent dans les roselières.

Lac d'Annecy. La Brême y existe depuis quelques années ; l'une d'elles capturée récemment au Petit Lac pesait 1400 gr.

La Mirandelle Ablette *Alburnus lucidus* Heck

La Mirandelle du Bourget n'est qu'une variété de l'Ablette commune. Son corps est plus allongé, le dos au lieu d'être bombé, se continue en droite ligne avec la tête. Le dos est bleu foncé et les flancs blancs d'argent.

La Mirandelle vit en troupes. Elle est omnivore et se nourrit de Diptères, d'Ephémères et d'autres insectes qu'elle saisit en bondissant à la surface de l'eau.

Il résulte d'observations du contenu stomacal de quelques-uns de ces poissons qu'elle dévore parfois du frai et les *tout jeunes* alevins d'autres espèces. On sait que les Mirandelles frayent sur les bords du lac aux mêmes endroits que les Lavarets. Or les pêcheurs de Conjux attribuent la raréfaction de ces Corégones, qui s'est manifestée au cours de ces dernières années, à la grande destruction des jeunes Lavarets récemment éclos, que font les Ablettes qui arrivent au printemps sur les mêmes lieux de ponte. Le fait n'est pas invraisemblable.

La Mirandelle recherche pour y déposer ses œufs les plages de gravier ou l'embouchure des affluents. A l'époque du rassemblement sexuel, on constate d'abord une prédominance des mâles. La fraye a lieu en bandes compactes, qui produisent par leur violente agitation, un bruit semblable à une forte averse sur l'eau.

La période du frai s'étend du *commencement de mai à la fin juin*, mais le moment le plus actif se place entre le 15 *mai et le* 15 *juin*. Des observations portant sur une centaine d'individus ont montré que les ovaires et les testicules étaient arrivés à maturité. On note parfois des retardataires *jusqu'au* 15 *juillet*.

Localisation des frayères.

Les frayères s'étendent d'une façon générale sur tout le pourtour du lac, aux places mêmes, garnies de gravier, que recherche le Lavaret.

Côte Sud. — Sur les graviers à l'embouchure du Terret-Nu, jusqu'au hameau des Cochets.
Depuis la pointe de Lévicher, à l'ouest de l'Albane, jusqu'au port du Bourget.

Côte Ouest. — Du port du Bourget jusqu'à la maison Excoffier (pointe de la Mirandelle) ; à la grande Carrière et sur toute la côte jusqu'à Conjux.

Côte Est. — A partir du délaissé de Châtillon, jusqu'à la pointe de Largue, sous Brizon-Saint-Innocent.

Sur les graviers du cône de déjection du Sierroz.

Depuis le dernier délaissé au sud de Bon-Port jusqu'au port de Drivet.

La Mirandelle, qui trouve une station remarquable de graviers bien lavés à l'embouchure de la Leysse, remontait autrefois jusqu'à plus de un kilomètre à l'amont de ce torrent; elle y a disparu depuis une dizaine d'années à cause des résidus déversés dans les eaux par les usines.

Lac d'Annecy. L'Ablette mirandelle y a été introduite en juillet 1909 par 1.000 reproducteurs capturés au lac du Bourget. Déjà au commencement d'avril on avait immergé quelques douzaines d'adultes et une centaine d'œufs embryonnés qui furent déposés sur fond de gravier à la presqu'île d'Albigny. Enfin en mars 1914, la Société de Pêche y jeta 4.000 individus.

Elles ont très bien prospéré. Des bancs considérables de ces Cyprinidés fréquentent les rives caillouteuses du lac. Les Mirandelles frayent sur la rive Est, dans le Petit Lac à Angon, aux Balmettes. On les voit pénétrer également dans les canaux émissaires, près des pontons des bateaux à vapeur, nageant en automne à la surface et bondissant à la poursuite des *Cœnis dimidiata*, proie très appréciée, voltigeant en nuées compactes au ras de l'eau. En certains printemps particulièrement chauds, la ponte peut être avancée au début d'*avril*; car dès les premiers jours de mai on voit des milliers de jeunes de l'année, longs de 3 centimètres, nageant dans les eaux tranquilles des anses abritées, tandis qu'aux endroits où le vent ride la surface, se groupent les jeunes, plus vigoureux, de l'année précédente, longs de 7 à 8 centimètres.

La Mirandelle est parasitée par *Echinorhynchus proteus Ligula, Triœnophorus nodulosus* Rud.

Observations.

En ce qui concerne la pêche de la Mirandelle, qui est un élément nutritif important pour les Salmonidés, il serait nécessaire d'édicter quelques mesures de protection, par exemple, l'interdiction de la maille de 10^{mm} jusqu'à la fin de juin.

Pour les petites espèces, il faut d'une façon générale prohiber toute maille mesurant moins de 27 ^{mm}, maille qui ne permet pas de capturer des individus de moins de 300 à 350 grammes. Il faudrait interdire au Bourget, de pêcher à moins de 400 mètres sur la rive Est et 150 mètres sur la rive Ouest ; l'autorisation de pêcher en plein lac serait seule accordée. Au lac d'Annecy, la pêche au filet mirandellier n'est pas encore pratiquée.

Le GARDON ROUGE, Rosse, *Scardinius erythrophtalmus* L.

Le Gardon rouge, Rosse ou Rotengle, se distingue nettement du Gardon blanc par sa bouche oblique, par sa nageoire dorsale naissant en arrière de l'aplomb des ventrales et par son iris d'un rouge vif.

La Rosse vit sur la beine, en sociétés, où elle se nourrit de végétaux, de vers et de petits mollusques ; elle pond ses œufs sur les plantes aquatiques.

L'époque du frai se place entre *le* 15 *avril et la fin de mai.*

Exceptionnellement quelques individus retardent l'émission de leurs œufs jusqu'au 15 juin.

La Rosse se croise avec la Brême qui dépose ses œufs dans les mêmes endroits qu'elle.

Les frayères se rencontrent sur les beines et dans les délaissés.

Le GARDON *Gardonus rutilus* L.

Le Gardon est très répandu au lac du Bourget. Il recherche les fonds herbeux où il se nourrit de débris végétaux et de petits mollusques (Neritina, Valvata, Dressensia, etc.)

Il fréquente plus particulièrement les beines Sud et Nord, Bon-Port, Port-Choudy et le voisinage de l'égoût de la ville d'Aix.

Le Gardon se déplace en troupes en compagnie de la Rosse et de la Brême avec laquelle il se croise parfois.

Pendant l'hiver, ces poissons se tiennent dans la profondeur et ils se rapprochent de la beine au printemps.

Dès le 15 avril, on voit les Gardons, mêlés avec les jeunes de l'année précédente, s'agiter en bandes sur les bords.

L'époque du frai dépend aussi de la température.

Dès le 15 *avril*, on constate des essais de ponte, mais c'est surtout le *mois de mai* qui constitue la période active.

En 1917, les Gardons commençaient leur ponte seulement le 2 mai à Terret-Nu. Celle-ci dura trois ou quatre jours et s'étendit progressivement du Sud au Nord ; le 2 juin suivant ces poissons avaient terminé.

L'étude du développement des organes sexuels montre que chez de nombreux spécimens, la ponte était achevée le 23 mai 1917. Le 4 juin, un seul sur 15 examinés possédait des œufs mûrs prêts à être expulsés. C'était d'ailleurs un retardataire et on peut sûrement considérer la ponte comme terminée le 1er juin.

Il est à remarquer que chez le Gardon, ainsi que chez la Perche, le Blageon, etc., les testicules et les ovaires extrêmement développés remplissent toute la cavité viscérale aux mois d'octobre, de novembre et de décembre. On ne doit pas considérer ce phénomène comme l'indice d'une ponte prochaine. Les organes sexuels passent par une période lente et continue d'élaboration génitale pendant les mois d'été, puis s'arrêtent dans leur évolution pendant le repos hibernal pour reprendre leur activité fonctionnelle au printemps.

En général, les Gardons arrivent au bord, au moment de l'apparition de la verdure et de la pousse des jeunes feuilles de hêtre. Le temps du frai coïncide également avec le développement des Algues chlorophycées en masses flottantes et la formation, sur les gazons de Charas, des colonies d'Infusoires en sphéroïdes gélatineux (Ophrydium versatile).

Le Gardon vient frayer au bord pendant la nuit. Il est poursuivi pendant cette opération par l'Omble, la grosse Perche, le Chevaîne, tous poissons voraces qui détruisent la ponte.

Observations.

Pour remédier aux ravages causés par ces déprédateurs, il y aurait lieu d'autoriser l'emploi des filets pour la capture des gros carnassiers pendant la période d'interdiction partielle du printemps, *au large en réservant une zone côtière* à déterminer.

La prohibition de cet engin de pêche pendant le temps du frai des Gardons permet aux déprédateurs de se livrer impunément à leurs méfaits. Si l'on veut préserver les Gardons, il faut impitoyablement repousser des bords les poissons carnassiers, pour protéger l'alevinage et sauvegarder les œufs pendant la période de leur incubation qui dure de 10 à 15 jours. Il faut donc chasser la grosse Perche et autoriser des pêches exceptionnelles de Perchettes.

Lac d'Annecy. Le Gardon *Gardonus* var. *pallens* Blanchard, improprement appelé Vairon par les riverains de ce lac, fraie sur les rives où se développe une abondante végétation de plantes aquatiques : Albigny, Sevrier, Saint-Jorioz, Bout-du-Lac, c'est-à-dire aux endroits où une beine véritable existe. Autrefois les canaux émissaires du lac constituaient de remarquables frayères, mais leur utilisation pour le stationnement des bateaux moteurs ou autres, la circulation continuelle, le faucardage intempestif, ont contribué à faire disparaître ces excellentes réserves.

Les Gardons ont été ces dernières années, en voie de diminution. Les causes en sont multiples :

1° Ils ne sont pas protégés contre les grosses espèces voraces ;

2° Au moment du frai l'eau n'a pas été maintenue à son niveau par le jeu des barrages des canaux. Si on ouvre trop les vannes, les œufs se trouvent à sec sur les bords et périssent;

3° Les bateaux à vapeur produisent de fortes vagues qui viennent se briser à la côte où elles rejettent au sec œufs et alevins ;

4° Au moment de l'ouverture de la pêche, les troupes de Perchettes donnent une chasse active aux jeunes Gardons.

Maladie des Gardons.

Une maladie qui frappe parfois les Gardons peut prendre les proportions d'une véritable épidémie. On rencontre alors partout ces poissons morts flottant à la surface de l'eau ou s'entassant, poussés par les vents, dans les baies du lac. Elle a été observée, sévissant avec une certaine intensité au lac d'Annecy.

Les Gardons atteints se recouvrent en divers points du corps, près des nageoires, qui sont rongées à leur base, principalement près des ouïes et des yeux de sortes de masses floconneuses, une mousse de couleur blanc sale.

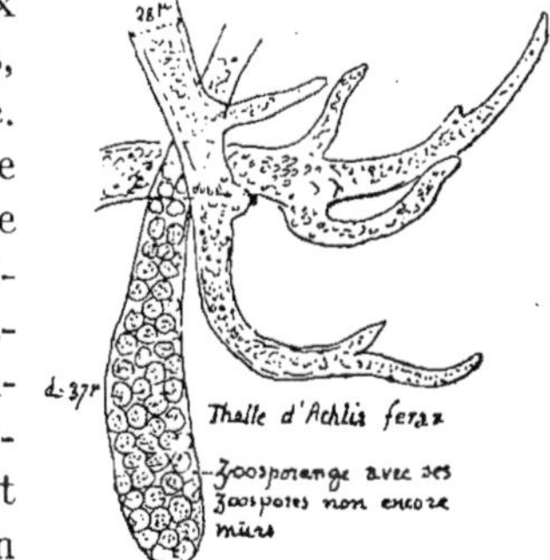

Définie au microscope, cette mousse se montre composée d'une végétation de filaments blancs, sinueux, enchevêtrés dont quelques-uns se terminent par un sac (organe reproducteur) qui laisse échapper des milliers de spores qui vont se disséminer dans l'eau. C'est un champignon parasite appartenant à la famille des Saprolegniées (*Saprolegnia ferax*), causant la maladie appelée Dermatomycose.

Ainsi envahi, lorsque l'animal n'arrive pas à se débarrasser de ce parasite par des frottements répétés de son corps contre les pierres et les plantes aquatiques, l'infection gagne de proche en proche. Le champignon envahit les organes respiratoires qui blanchissent, et le poisson périt asphyxié.

Les Gardons attaqués présentent pendant l'évolution de la maladie les caractères de l'adynamie ; leurs mouvements deviennent de plus en plus lents et spasmodiques, les opercules battent convulsivement et l'animal s'immobilise et succombe.

D'où provient cette maladie ? On sait que ces champignons se développent en recouvrant d'une mousse floconneuse les cadavres des larves et des insectes. Ces derniers sont amenés dans le lac par les affluents, d'autres sont des espèces habitant sur le littoral. Ils viennent flotter sur l'eau où grâce à la température relativement plus chaude qui y règne, le champignon trouve des conditions favorables à sa multiplication.

Or les Cyprinides s'approchent des bords pour frayer et ils y séjournent à un moment où leur état physiologique troublé peut être favorable à l'envahissement du parasite. On observe en effet ces épidémies débutant aux époques de la reproduction des poissons.

Cette maladie particulière semble au surplus être en relation avec des conditions climatériques spéciales et surtout avec les abondantes précipitations atmosphériques. On remarque son apparition après les années pluvieuses.

L'épidémie peut s'éteindre sur place par le fait de la chute des cadavres de poissons dans les profondeurs ; car dans ces régions la température est suffisamment basse pour entraver la maturité des organes reproducteurs et empêcher la dissémination des spores qui propagent l'infection.

Quel est maintenant le remède ? Il n'y en a qu'un : l'enlèvement des animaux morts. Les oiseaux de proie, agents inattendus de salubrité, se chargent dans une faible mesure de cette besogne de voirie et c'est même un spectacle assez curieux d'observer les vols fureteurs, la chute brusque de ces rapaces et l'enlèvement de la proie inerte.

Dans l'intérêt général, il serait utile, pendant un certain temps, de charger un certain nombre de bateaux d'une croisière d'épuration. On enlèverait tous les cadavres des poissons flottants et échoués sur les rives pour les enfouir assez loin des bords du lac.

En négligeant ces précautions, on s'exposerait à voir cette maladie s'acclimater et devenir chronique, ce qui causerait finalement un dommage sérieux à l'industrie de la pêche.

Le Chevaine *Leuciscus cephalus* L.

Le Chevaine atteint une assez forte taille : longueur 30 à 50 cm. et un poids de 2 kilos. Ce poisson tout en étant omnivore est le plus vorace des Cyprins ; à l'âge adulte, il se nourrit de proies vivantes et détruit œufs et alevins en assez grande quantité.

Par les temps calmes, on le voit, immobile sous une faible épaisseur d'eau, guettant les jeunes poissons qui errent dans son voisinage. Il cause de véritables ravages chez les Gardons, Rosses, Mirandelles, Goujons, dont au moment du frai de ces derniers, il dévore les œufs. Le Chevaine suit le Gardon, en nageant au-dessous de lui, pour gober ses œufs, au moment même où ce dernier les émet.

Le Chevaine descend en profondeur pour son repos hivernal ; toutefois, même dans la mauvaise saison, on le voit, par les temps ensoleillés venir se réchauffer dans les Roseaux, où on peut le capturer à la foene comme la Carpe.

Les gros individus de cette espèce arrivent aux bords, en général quinze jours avant l'époque du frai qui *commence en mai* et se poursuit *jusqu'à la fin de juin*.

Plusieurs Chevaines examinés (du 2 au 9 juin) montraient leurs ovaires garnis d'œufs incomplètement mûrs : diam. : 1^{mm}. Un seul individu avait terminé sa ponte.

C'est, en somme parmi les Cyprinidés l'un des derniers à frayer.

Il recherche les stations garnies de graviers près des rives et dépose ses œufs aux mêmes endroits que les autres Cyprinidés.

Les gros Chevaines suivent en compagnie des grosses Perches, les Gardons au moment où ceux-ci vont déposer leurs œufs et font de grands ravages dans ces frayères.

On capture le Chevaine au moyen des nasses et des filets dormants et aussi à la ligne, surtout au lever et au coucher du soleil, avec comme appâts des vers, des sauterelles, du fromage.

Localisation des frayères.

Les Chevaines frayent à Terret-Nu, à Port-Choudy, dans les délaissés et sur les grandes beines Nord et Sud.

Lac d'Annecy. Très commun, ce Cyprinidé remonte un peu, comme la Truite, les affluents Laudon, Ire, Eau-Morte, ou descend dans les canaux émissaires pour aller parfois frayer jusqu'au pont Saint-Joseph.

La VANDOISE *Leuciscus vulgaris* L.

La Vandoise appartient au même genre que le Chevaine ; c'est la *Suiffe lombarde* du Dauphiné.

Elle se nourrit d'herbes, de petits mollusques et de vers. Assez vorace, comme le Chevaine, la Vandoise s'attaque aussi aux jeunes poissons.

La période du frai s'étend depuis la *fin de mars* jusque *parfois en mai* ; mais le mois *d'avril* est le temps le plus actif.

Ce Cyprinidé est le premier qui fraye après le Brochet.

Réunies en troupes, les Vandoises déposent leurs œufs sur le gravier près des bords, beines Nord et Sud, côte de Bonport jusqu'à Terret-Nu et tous les délaissés et leurs environs mimédiats.

Lac d'Annecy. La Vandoise n'y existe pas.

Le BLAGEON *Squalius Agassizii* Heck

Le Blageon, aussi appelé Soueffe ou Armesse, n'est autre que la Suiffe bouchesse, très commune dans l'Isère et dans le Drac.

Il est très répandu au Bourget où il sert uniquement d'amorce vive pour la pêche à la ligne de fond et à main.

Il fait son rassemblement sexuel au printemps, époque à laquelle il circule en troupes pour remonter les cours d'eau (Leysse) en vue de la ponte. On le capture au moyen de l'épervier et du petit filet.

Le Blageon se nourrit surtout de plancton, de larves d'insectes, et un peu de débris végétaux.

La période du frai s'étend depuis le *début d'avril jusqu'à la fin de mai.*

Le développement des organes sexuels recommence bientôt après l'évacuation des œufs, car on rencontre au mois de novembre, des individus dont les ovaires sont très gonflés mais seulement d'œufs immatures.

Lac d'Annecy. Le Blageon atteint dans ce lac une taille

et un poids beaucoup plus considérables que dans le Bourget et les cours d'eau des régions voisines. En revanche, sa chair est moins estimée et est utilisée comme amorce.

Le Blageon d'Annecy est d'un vert bronzé s'étendant jusque sur les flancs qui passent au blanc-jaunâtre argenté. Au-dessus de la ligne latérale qui s'infléchit en bas vers le milieu du corps, règne une bande continue noirâtre depuis l'œil jusqu'à la caudale. Cette couleur est due au pigment noir du bord externe des écailles. La ligne latérale est d'un beau jaune-orange, la même couleur borde les pièces operculaires. Les nageoires sont incolores mais teintées d'orangé à la base. La dorsale et la caudale sont grisâtres. L'œil possède un iris argenté avec cercle orangé autour de la pupille.

Toutes ces couleurs s'atténuent en dehors de l'époque de la reproduction où l'on rencontre des individus à teintes pâles. La paroi interne de la cavité du corps est revêtue d'une membrane fortement pigmentée de noir.

La période du frai se place en *avril* et *mai* et parfois s'étend jusqu'au 15 juin.

Le Blageon dépose ses œufs, très petits et verdâtres, sur tout le pourtour du lac, là où il y a du gravier, ainsi qu'à l'entrée des canaux, mais il a disparu des émissaires du lac depuis l'époque où les vannes ont été ouvertes en vue des travaux d'assainissement et par suite du faucardage intensif des herbes aquatiques. Les frayères se rencontrent au port de la Tour, à Chavoire, à Sevrier, au Roc de Chère et sur la côte Est du Petit Lac.

Le Vairon *Phoxinus lœvis* Ag.

N'existant qu'à l'état erratique dans les deux lacs, le Vairon habite les eaux claires des cours d'eau affluents. C'est une espèce de petite taille, assez carnassière, car il se nourrit de proies vivantes, œufs, alevins, insectes. L'époque du frai se place du 15 *avril au début de juin.* Les pêcheurs se servent comme amorce de ce poisson, qui est aussi très recherché par la truite.

Le Hottu Nase *Chondrostoma nasus* L.

Le Hottu est assez commun au Bourget. Ces poissons vivent en société et au printemps quittent les eaux profondes où quelques-uns ont hiverné ou bien arrivent en bandes du,

Rhône par le canal de Savières au moment du renversement de courant.

Ils se tiennent généralement en compagnie des Chevaines et des Vandoises. Quand le temps va changer ils manifestent une certaine agitation et on les voit sauter sur l'eau.

Le Hottu se nourrit de matières végétales mais surtout des œufs des autres poissons, aussi peut-il être considéré comme un dévastateur de frayères.

La période du frai s'étend depuis le 15 *avril jusqu'au* 10 *juin*. Les individus que j'ai examinés en 1917 montraient qu'à la fin de mai et au commencement de juin la ponte, pour la plupart, était achevée. Chez quelques-uns seulement les organes sexuels très développés étaient sur le point d'émettre leurs produits.

Observations.

En raison des dégâts causés par les Hottus sur les frayères, les pêcheurs devraient organiser des battues soit avec les filets traînants soit avec l'épervier au moment de la remontée de ces poissons.

Le *Nase* n'existe pas au lac d'Annecy.

L'Orfe ou Ide melanote. *Idus Orfus* L.

Lac d'Annecy. Ce Cyprinidé a été introduit en 1910 par l'immersion de 1.000 alevins. L'Ide fraye en même temps que le Gardon, *du* 5 *au* 10 *mai*, quelques jours avant ou après ; la ponte continue jusqu'à *fin mai*. On a constaté une frayère dans le canal du Thiou, en amont du Pont de la Halle. L'Ide a disparu totalement des canaux depuis les travaux d'assainissement, curage pour l'installation de la canalisation des égoûts.

La Dormille *Cobitis barbatula* L.

La Dormille, nom de la Lotte Franche en Savoie, se tapit dans les anfractuosités des enrochements, et sous les pierres tout autour du lac. Elle fréquente les délaissés et les affluents en compagnie du Vairon. La Dormille dépose ses œufs sur le sable, entre les pierres et parmi les plantes aquatiques.

L'époque de la fraye est *avril et mai.*

On pêche ces poissons à la fourchette ou au filet emmanché pour les utiliser comme amorces.

L'Alose *Clupea alosa* L.

L'Alose, ainsi que peut-être l'Alose finte (*A. finta*) pénètrent par le Rhône dans les eaux du Bourget en *avril et mai.*

Cette remontée coïncide avec le renversement de courant dans le canal de Savières.

L'Alose se montre peu fréquemment au Bourget ; on en capture seulement quelques exemplaires chaque année non loin de l'embouchure de la Leysse.

Elle recherche spécialement comme frayères les parties de la beine où dominent les Potamots.

Lac d'Annecy. L'Alose n'y a jamais été signalée. Le bassin de ce lac étant isolé biologiquement par les gorges du Fier à Lovagny, dont ces poissons ne peuvent franchir les remous dus à un courant extrêmement rapide et violent.

La même impossibilité de remontée existe pour d'autres espèces telles que le Nase, le Barbeau, la Lamproie que l'on a cependant pêchées en aval des gorges. (Exemplaires dans la collection ichtyologique du Musée d'Annecy.)

Le Lavaret *Coregonus lavaretus* Cuv. et Val.

Deux Corégones habitent le lac du Bourget : le Lavaret *Coregonus lavaretus* C. et V. qui rappelle assez le Blaufelchen du lac de Constance et la Bezoule *Cor. bezola* Fatio.

Au point de vue morphologique, le premier peut être rattaché au type C. *dispersus* ; le deuxième au type *C. balleus.*

Le Lavaret a le corps plus élancé que la Bezoule ; il est bleu-vert en-dessus tandis que ce dernier est olivâtre. Ses nageoires paires et anale sont teintées de noir bleu ; les nageoires de la Bezoule sont jaunâtres.

Au point de vue biologique, la différence s'accentue. Tandis que la Bezoule fraye en profondeur, le Lavaret dépose ses œufs sur le gravier à la côte sous une faible épaisseur d'eau.

Le Lavaret dont la taille varie de 28 à 44 centimètres peut atteindre un poids de 1 kilo

C'est un poisson pélagique, vivant en plein lac. Sa nourriture est presque uniquement composée de zooplancton : Cladocères (*Daphnia, Sida, Diaphanosoma, Leptodora*), formant une véritable bouillie dans l'estomac, mêlés à des pupes et larves de Diptères (*Corethra plumicornis*).

Rares sont les Copépodes et Calanides (*Cyclops, Diapto-*

mus) qui constituent une forte proportion du plancton *diurne* superficiel.

Etant données les migrations rhytmiques des Entomostracés qui amènent la montée des Copépodes à la surface *pendant le jour* et leur descente *pendant la nuit*, le phénomène inverse se produit pour les Cladocères. Ce fait éclaire la biologie des Corégones, qui chassent à la surface la nuit.

Le Lavaret est une espèce sociale qui voyage par groupes. En été il abonde dans la baie de Bernoud près de Conjux et dans la partie Sud du lac ; il se tient à environ 400 mètres des Roselières depuis la Maisonnette sur une longueur de 2 à 300 mètres. Il rencontre là, à la limite de la beine, en quantité maxima, le plancton qui habite entre les courbes bathymétriques de 5 à 10 mètres.

Pendant les hivers rigoureux on constate une plus grande abondance de Lavarets.

Le Lavaret fraye généralement du 15 *novembre au* 10 *décembre*. Mais la date varie suivant la température. Quand les froids sont précoces, ce poisson fraye plus tôt. Certaines années la ponte a lieu dans les *derniers jours de décembre*. D'une façon générale elle peut être regardée comme ayant pris *fin le* 10 *janvier*.

En 1917, les Lavarets ont commencé à frayer le 5 décembre ; la température de l'eau était de 5°2.

Les mâles apparaissent les premiers et sont en plus grand nombre que les femelles pendant quelques jours.

Les Lavarets arrivent en troupes pour frayer à la tombée de la nuit ; ils manifestent une grande agitation en frappant l'eau violemment de leur queue ; ils regagnent le large vers 9 ou 10 heures du soir.

Ils déposent leurs œufs près des bords sur du gravier très propre et sous une faible épaisseur d'eau.

On a remarqué depuis quelques années un important fléchissement dans les captures de Lavarets. Ceux-ci, quand ils sont jeunes, sont en butte aux attaques des poissons carnassiers tels que l'Omble. On doit aussi incriminer les ravageurs de frayères qui dévorent les œufs de ces Salmonidés.

En revanche, en 1917, les pêches de Lavarets ont été exceptionnellement abondantes.

La pêche du Lavaret se pratique à la Senne ou Grand filet : vaste nappe de 150 mètres de longueur sur 15 à 20 m. de hauteur, munie d'une poche à flotteur à son extrémité.

L'engin est tendu entre deux bateaux et ramené à bord à l'aide d'un treuil qui enroule le filin. Le battage de l'eau, à l'aide de longues gaules, au moment de la remontée du filet, empêche le poisson de fuir en dehors des mailles de la poche.

La pêche au lavaret

La piscifacture du Lavaret a été quelquefois effectuée sommairement par les pêcheurs de Conjux. C'est une pratique à encourager. Lorsqu'ils ramènent à bord le filet, ils exécutent la fécondation artificielle en pressant le ventre de la femelle au-dessus d'un récipient et répétant la même opération sur le mâle. Ils agitent avec un morceau de bois le mélange des œufs et de la laitance et rejettent le tout sur les graviers de la côte où les Lavarets ont l'habitude de frayer.

Localisation des frayères (voir carte).

Sur toute la côte où le fond est formé de graviers.

Baie de Bernoud, près de Conjux.

Pierre Meunier entre Brizon et Saint-Innocent à 500 mètres au nord du délaissé de Grésine, près du grand tunnel.

Pointe de Largue. Sous Terramont.

Lac d'Annecy. — Des essais de peuplement ont été faits en 1892, 1905, 1906, 1911. Cette dernière année on immergea 50.000 alevins provenant de l'établissement de pisciculture de Thonon. Pendant longtemps on n'aperçut dans le lac aucun Lavaret ; ce n'est que depuis quelques années que, de loin en loin, on capture quelques individus de cette espèce.

Les Lavarets sont parasités par *Triœnophorus robustus* Olls *Ichtyotœnia longicollis* Rud.

La Bezoule *Coregonus bezola* Fatio

La Bezoule est un Corégone qui se rapproche assez de la Gravenche C. *hiemalis* du Léman. Sa taille varie de 30 à 40 cm ; son poids atteint quelquefois un kilogramme. Comme il a été indiqué à propos du Lavaret ses différences morphologiques avec ce dernier sont peu accentuées, tandis qu'au point de vue biologique ce Corégone diffère du Lavaret en ce qu'il dépose ses œufs dans la profondeur.

Il faut probablement expliquer ce fait par la quantité d'oxygène dissous nécessaire pour déclancher le reflexe de la ponte, et qui est plus considérable à la basse température des profondeurs. La valeur du pH optimum doit aussi entrer en jeu. On ne peut actuellement se prononcer, car des recherches suivies n'ont pas encore été tentées à cet égard.

La Bezoule fraye sur le limon par 80 à 100 mètres d'eau au *mois de janvier*. La ponte commence dès la *fin de décembre* et se poursuit plus tard que celle du Lavaret, *jusqu'au* 20 *janvier* ; elle commence parfois dès le 15 novembre quand les froids sont précoces et rigoureux.

C'est un poisson pélagique qui se nourrit presque exclusivement de plancton (gros Cladocères, *Leptodora, Bythotrephes*). On la pêche dans toutes les régions du lac.

Localisation des frayères.

Depuis le ruisseau de Gerle sous Bourdeau jusqu'à Conjux, surtout entre la Grande Carrière et Hautecombe et partout dans la profondeur.

Le Corégone Alpin

Coregonus Schinzii helveticus = *Alpinus* Fatio

Ce beau Salmonidé a été introduit dans le lac d'Annecy en 1888 par l'administration des Eaux et Forêts. 3.334 alevins de « Féras » y furent immergés. Ces poissons trouvèrent dans ces eaux des conditions de développement si favorables, qu'une dizaine d'années après on commençait à pêcher des individus de taille et de poids respectables : 0 m. 60 à 0 m. 70 de longueur, de 2 à 2 k. 500, que les pêcheurs continuent à qualifier sur le marché du nom de Féras.

Désireux de déterminer rigoureusement cette espèce, j'entrepris des recherches en collaboration avec M. l'Inspecteur des forêts Crettiez, directeur de l'établissement de pisciculture de Thonon. Nos observations respectives concordèrent entièrement et nous acquîmes la certitude que la soi disant Fera d'Annecy n'était autre que *Coregonus Schinzii helveticus* = *alpinus* Fatio, le Weissfelchen ou Sandfelchen, le Corégone spécial au lac de Constance. Des renseignements demandés au pisciculteur M. Lugrin, fournisseur de la commande vinrent confirmer notre détermination ; les œufs ayant produit les alevins immergés dans le lac provenaient effectivement du lac de Constance.

Le Corégone alpin est gris olivâtre avec reflets bleuâtres en dessus, les flancs sont argentés jaunâtres, le ventre est blanc. Un pointillé pigmentaire est abondant sur le bord des écailles des faces supérieures. La dorsale et la caudale sont d'un gris noirâtre un peu mâchurées vers les extrémités. Les anales, ventrales et pectorales sont grisâtres et largement marquées de bleu noir sur moitié à partir de l'extrémité. Les pectorales sont subtriangulaires, acuminées.

La tête est assez forte, *convexe devant l'œil*, le museau carrément tronqué. L'intermaxillaire assez élevé et un peu incliné en arrière, la bouche pré inférieure. Les pectorales sont subtriangulaires et acuminées, la caudale assez échancrée.

La formule des écailles est $90\frac{10}{8}$ c'est-à-dire : ligne latérale 90, au dessus 10, au-dessous 8.

Le C. alpin diffère sensiblement de la Féra du Léman comme aussi de la Palée du lac de Neuchâtel.

Si on le compare à la Féra, le C. d'Annecy est moins massif, plus comprimé latéralement, le dos est moins convexe, la tête moins trapue, plus conique, l'opercule moins allongé dans le sens vertical, les écailles moins grosses et plus nombreuses. Au lieu de couper la partie supérieure de l'opercule, la *ligne latérale passe au-dessus de celui-ci ou lui est tout au plus tangente*, tandis que chez la Féra elle coupe la partie supérieure de l'opercule.

Mis en regard de la Palée, notre Corégone a la tête plus grosse et moins conique, le museau moins pointu, l'intermaxillaire plus oblique, la bouche placée plus inférieurement.

Il semble y avoir deux sous-variétés au lac d'Annecy, car la fraye se fait dans des conditions différentes. L'une appelée par les pêcheurs Féra de bourbe, à dos verdâtre, dépose ses œufs sur les herbes du talus du Mont ou sur les cailloux de la beine à une faible profondeur dès le 15 *novembre* ; l'autre à dos gris jaunâtre fraye au large par les fonds de 20 à 25 mètres, à *la fin novembre* et au *commencement de décembre* et parfois jusqu'au 10 *janvier*.

Le diamètre des œufs mûrs varie de $2^{mm}6$ à $2^{mm}8$.

Le Corégone alpin est un poisson pélagique qui vit en profondeur pendant la saison froide ainsi qu'il résulte de l'examen du contenu stomacal de plusieurs individus qui a fourni certaines espèces de mollusques habitant les grands fonds : *Limnœa profunda, Pisidium Henslowianum, Pis. pusillum, Pis. Foreli* var. *infima, Pis. noviodunensis*. Dès que la température remonte, il apparaît chassant au bord de la beine, à la limite du bleu,au moment où le plancton est en plus grande abondance.

Localisation des frayères.

Sous l'hôtel Beaurivage, à la Planche, côte de Sevrier, autour des hauts fonds de Châtillon et d'Anfon, devant Chavoire, Albigny, à l'extrémité Est du chenal du port.

Observations.

Les frayères sont largement dévastées par les Lottes. L'examen du contenu stomacal de ces poissons voraces en décembre et janvier a révélé la présence en grandes quantités d'œufs de Corégone alpin. Il y aurait lieu d'établir une certaine protection, en autorisant la pêche de la Lotte pendant la période du frai des Salmonidés et prescrivant la fermeture, seulement en *février* (époque active de la ponte de la Lotte). Ce poisson étant pêché au lac d'Annecy par le moyen des nasses, il n'y a pas à craindre de voir capturer les Salmonidés que l'on désire protéger.

Le Corégone est parasité par *Ichtyotœnia longicollis* constamment présent dans l'intestin.

Lac du Bourget. Le Corégone alpin n'existe pas au Bourget.

La Truite. *Salmo trutta* Linné

La Truite, qui est nettement en voie de diminution au lac du Bourget, est abondante dans le lac d'Annecy sans y être pourtant dominante à l'égal de l'Omble-Chevalier.

On rencontre dans nos grands lacs savoyards deux variétés de ce Salmonidé.

1° La Truite bleue ou argentée. *Salmo trutta* : adaptation franchement lacustre sous les variétés :

forma *fecunda major*, individus féconds ;
forma *sterilis lacustris*, individus stériles.

2° La Truite commune ou Truite des ruisseaux, *forma fecunda minor*, à livrée pointillée de couleurs éclatantes, qui atteint une assez grande taille.

Ces formes se rattachent à la même espèce *Salmo trutta*. La Truite des ruisseaux n'est pour Fatio (*Vertébrés de la Suisse*) qu'une forme jeune ou parfois retardée dans son développement par les conditions de milieu, de la Truite des lacs ou bien, n'ayant pas encore subi les transformations qu'amène le séjour dans les lacs.

Il est facile de constater, d'une manière générale, que l'adaptation aux eaux lacustres éclaircit les teintes, amène des reflets argentés sur les flancs, en même temps qu'elle fait pâlir les nageoires inférieures, diminue le nombre des taches pigmentaires et efface les macules rouges.

D'ailleurs ainsi que le précise bien le prof. Roule, (*Les poissons des eaux douces de la France*) les aspects multiples de *S. trutta* sont autant de figurations d'un même type spécifiquement fondamental, plus ou moins liées à l'habitat et aux conditions de milieu.

Truite des lacs ou Truite bleue. L'examen d'un grand nombre d'individus, pêchés surtout aux époques de la reproduction, fournit comme type à peu près constant de cette forme les caractères suivants :

Dos bleu noirâtre avec dessus de la tête vert bleu. Cette teinte présente des reflets azurés au-dessus de la ligne latérale. Flancs et ventre argentés. Taches pigmentaires noires de forme irrégulière en x ou en virgule non arrondies, disséminées sur le corps jusqu'au dessous de la ligne latérale : taches noires rondes sur les pièces operculaires.

La salmonisation de la chair (couleur rosée) n'est pas un caractère spécifique dans cette forme. Cette couleur, due au régime alimentaire, ne se produit que lorsque l'animal a ingéré du plancton rouge. (V. explication au chapitre de l'Omble Chevalier.)

C'est parmi les Truites bleues que l'on rencontre très souvent des individus frappés de stérilité temporaire. Ce cas se présente lorsque les produits des organes génitaux n'ont pu, pour une raison quelconque, être expulsés.

Certaines Truites possèdent des ovaires longs seulement de 4 cm, larges de 4 à 5 cm, à peine indiqués seulement à la partie antérieure de la cavité générale. Les œufs ont un diamètre de 5^{mm} inclus dans une membrane à cloisons très vascularisées.

Ce sont des individus qui n'ont pu frayer l'hiver précédent et dont les organes sont en voie de résorption.

Il est à remarquer que les appendices pyloriques très nombreux de ces Truites stériles sont toujours chargés de graisse. C'est un fait intéressant à rapprocher de ce qui se passe chez le Saumon dont les organes sont *débarrassés de tout tissu adipeux*, au moment où ce poisson va frayer. Nos Truites bleues n'étant pas soumises, en raison de leur stérilité, à l'intense activité physiologique qui marque l'époque de la maturation des organes génitaux, ne se trouvent pas dans la nécessité de consommer leurs réserves nutritives graisseuses

La Truite bleue, en dehors de l'époque du frai, vit au large où elle poursuit les poissons de toute taille. Elle nage à la surface où elle se nourrit aussi de Diptères (*Leeria*) et d'Ephémérides, et en particulier d'un tout petit moucheron *Cœnis dimidiata* qui vole par nuages, en abondance, pendant l'automne à la surface des eaux.

Dès le printemps, elle suit les Gardons au moment où ceux-ci se dirigent vers leurs frayères et font dans ces stations côtières une très grande consommation d'œufs et de jeunes cyprins.

Au mois d'août, on la voit fréquenter les bords en compagnie de l'Omble-Chevalier. On la capture au filet ou à la ligne traînante. A la fin de septembre, on la pêche abondamment au filet sur la côte E. du Petit Lac (Annecy). La taille de la Truite bleue stérile est très variable, mais elle n'atteint jamais celle des individus féconds. Ces derniers frayent depuis les *premiers jours de novembre* jusqu'aux environs *du* 10 *janvier*.

La Truite des ruisseaux, à livrée pointillée, acquiert un grand développement, en conservant les caractères de l'espèce torrentielle, par un séjour prolongé dans le lac. Le dos est d'une couleur bleu sombre, se dégradant sur les flancs. Le ventre est jaunâtre. Le dos et les flancs sont semés de taches noires et de taches rondes vivement colorées en rouge orangé avec auréole bleuâtre. La chair est généralement saumonée.

Elle atteint parfois des dimensions considérables, 0 m. 65 de long avec un poids de 4 à 4 kg. 500 (Petit Lac). On a capturé au lac du Bourget des Truites de 13 à 14 kg au moment du renversement du courant dans le Canal de Savières.

La période de frai s'étend sur les mois de *novembre, décembre* et *janvier*.

Biologie de la Truite.

Le fait dominant de l'histoire biologique de la Truite est celui de la migration de ces Salmonidés en vue de leur reproduction, vers des eaux plus froides et par conséquent plus riches en oxygène dissous.

Ce n'est pas seulement l'eau à une *basse température* qui déterminera les conditions de milieu favorables à la reproduction de la Truite. Un autre facteur intervient. La Truite est douée d'une capacité respiratoire très grande, et si une eau fraîche de 8 à 9 degrés est suffisante pour déclancher le phénomène de la ponte, c'est que le titrage en oxygène dissous varie en raison inverse de la température, le maximum de solubilité des gaz correspondant à un degré thermique moins élevé.

Dans le lac, la proportion d'oxygène emprunté à l'atmosphère augmente pendant l'hiver, époque où l'eau est plus froide et les échanges respiratoires des minuscules organismes du phytoplancton moins actifs.

La proportion d'oxygène réduit aux dépens de l'acide carbonique augmente au printemps et en automne, correspondant précisément aux deux maxima de la prolifération du plancton végétal dont la chlorophylle est l'agent de la fonction respiratoire.

En hiver, la quantité d'oxygène dissous pris à la vie organique est moindre dans l'eau du lac. Dans les torrents, au contraire, la quantité d'oxygène dissous approche du maximum de solubilité en raison de la large surface d'absorption, de l'entraînement mécanique des bulles d'air résultant de l'agitation et du renouvellement incessant de l'eau dans la course rapide du torrent.

Les travaux de L. Roule ont montré le rôle et l'influence de l'oxygène dissous dans l'eau des estuaires marins sur la biologie des poissons migrateurs.

J'ai été amené à chercher le rôle de cet oxygène sur le phénomène migrateur de la Truite dans nos grands bassins savoyards en dosant la quantité d'oxygène dissous dans les eaux des lacs du Bourget et d'Annecy comparativement avec celles des torrents affluents.

On constate que dès que la température est suffisamment basse, la Truite quitte les grandes eaux stationnaires et remonte les ruisseaux et torrents pour y frayer en se dirigeant précisément contre le sens du courant aux endroits où la vitesse est plus grande. Elle lutte avec énergie, la tête tournée vers l'amont, même quand la force vive du courant l'entraîne.

Ces poissons se dirigent instinctivement vers le centre de l'ébranlement mécanique ; les organes tactiles sensibles à la propagation des ondes vibratoires, c'est-à-dire les *éléments nerveux* de la ligne latérale entrent en action et plus l'énergie musculaire se développe par suite de la lutte ardente contre le courant, plus les combustions respiratoires sont actives Il faut donc pour l'équilibre physiologique que l'animal recherche une eau plus oxygénée (1).

J'ai dosé sur place l'oxygène dissous au moyen de la méthode de la pipette de Lévy (2).

Les opérations sur les eaux des torrents et celles du lac ont été faites comparativement et successivement.

Bourget.

20 nov. 1917,	Sierroz t. =	8°	qq. d'O. = $5^{cc}32$
»	Lac . . . » =	9°	» = $5^{cc}11$
10 nov. 1917,	Tillet. .. » =	8°1	» = $5^{cc}67$
»	Lac . . . » =	9°1	» = $5^{cc}08$
19 nov. 1917,	Leysse » =	8°	» = $5^{cc}63$
»	Lac . . . » =	9°	» = $5^{cc}11$

On voit donc que la quantité d'O. dissous dans le lac est inférieure à celle des torrents affluents.

Annecy.

12 nov. 1917, Lac . . . t. = 9° qq. d'O. = $7^{cc}66$

Des prises effectuées en décembre 1917 dans le Laudon, l'Ire et le Ruisseau de Menthon donnent une moyenne oscillant entre $7^{cc}8$ et $7^{cc}3$. On voit donc que les torrents contiennent, à quelques dixièmes près, la même quantité en oxygène dissous que le lac.

Cette constatation expliquera un caractère particulier, comme nous le verrons plus loin, de la Truite du lac d'Annecy qui n'aura pas besoin de remonter les affluents à la recherche d'eaux plus oxygénées en vue du déclanchement du phénomène de la ponte.

En ce qui concerne le lac du Bourget, il résulte de ces expériences qu'en automne l'eau du lac est plus pauvre en oxygène dissous que celle des torrents et que, d'autre part, la teneur en oxygène des eaux de ces derniers est relativement faible.

Peut-être faut-il attribuer à la pauvreté des eaux en oxygène, au point de vue des besoins respiratoires des poissons, la raison de la faible quantité des Truites au lac du Bourget.

L'étude du plancton montre également que le phyto-

1. Roule, *Traité de Pisciculture et des Pêches.*
2. Détermination dans une quantité d'eau déterminée d'un précipité d'hydrate ferreux dont une partie va s'oxyder sous l'influence de l'hydrogène dissous. Dosage du fer restant à l'état de sel ferreux à l'aide de la solution titrée de permanganate de potasse qui est décolorée.

plancton (algues minuscules, unicellulaires, vertes) est comparativement infiniment moins abondant que le zoo-plancton.

Les eaux du lac, quoique soumises à une oxygénation appréciable par suite de l'agitation résultant des vents et des courants, doivent emprunter une autre portion d'oxygène à l'activité des organismes végétaux qui flottent dans leur masse. Or ces végétaux, qui absorbent l'acide carbonique, augmentent l'oxygénation totale du milieu aquatique, d'autre part, ils absorbent de l'oxygène qu'ils puisent dans l'air atmosphérique. L'eau contient de l'oxygène dissous en proportion d'autant plus forte que la température est plus basse.

Les échanges gazeux sont compensés par la pullulation des organismes au printemps et en été, époque où le réchauffement de l'eau va s'accentuer et où celle-ci tendrait à perdre son oxygène.

Dans une note à l'A. des Sc. (CR, nov. 1916), L. Roule dit que la Truite *pond rarement ses œufs dans les eaux lacustres où elle passe son existence.* Le plus souvent, les individus reproducteurs remontent pour frayer dans les affluents. Après la ponte, ils retournent au lac.

Au lac d'Annecy, ce fait cité comme exceptionnel devient *presque la règle*, tandis qu'au lac du Bourget ce phénomène se montre beaucoup plus rarement (deux ou trois frayères sur la beine Sud). Une faible partie seulement des Truites du lac d'Annecy remontent les torrents pour y frayer. La *très grande majorité* établit ses *frayères sur les bords du lac*, sous une faible épaisseur d'eau.

L'aspect de ces endroits, plages de gravier ou de cailloux de moyenne grosseur, est caractéristique. De place en place, les cailloux sont retournés et tranchent par leur couleur claire sur les autres plus ou moins verdis ou brunis par leur revêtement d'algues. Les Truites, que l'on peut surprendre parfois dans cette opération, déplacent les pierres par les mouvements précipités et brusques de leur queue et, par le frottement de leur corps, creusent des cavités qui constitueront des sortes de berceaux destinés à recevoir les œufs.

C'est alors que les ravageurs de frayères, les Lottes principalement, s'approchent des bords et dévorent avidement les œufs de la Truite restés sans aucune protection.

En ouvrant des Lottes capturées pendant la période de frai des Salmonidés, on constate régulièrement que leur estomac est rempli d'œufs d'Ombles et de Truites.

L'activité de la ponte pendant les premiers mois de l'hiver est variable. Au renouvellement de la lune, les Truites frayent d'une manière intense, tandis qu'au moment de la pleine lune la fonction se ralentit.

La Truite établit ses frayères, au lac d'Annecy, près du rivage, partout où il y a du gravier ou des cailloux nettoyés par les vagues : depuis la Puya jusqu'au port de Sevrier, à l'embouchure des torrents, Laudon, Bourdon, à Bredannaz, au bout du lac, sur les deltas des ruisseaux d'Angon et de Talloires, enfin à la presqu'île d'Albigny.

Au lac du Bourget, une frayère très nette de Truites était installée, en décembre 1917, à une vingtaine de mètres de l'embouchure de la Leysse, sur les cailloux de la rive du lac.

La Truite est rarement parasitée par *Botryocephalus latus*, mais toujours par *Echinorhynchus proteus* et *Cyathocephalus truncatus*, ce dernier provenant des Crevettes d'eau douce infestées par ce Cestode, qui servent de nourriture aux truites.

La Truite des ruisseaux, acclimatée au lac, qui remonte les torrents, séjourne dans ces derniers jusqu'au début du printemps. Elle redescend au lac lorsque la température s'élève.

La Truite arc-en-ciel *Salmo irideus* Gibbons

Ce Salmonidé est une des espèces d'importation américaine, introduites récemment dans nos bassins lacustres. Il existe au Bourget depuis 1905.

La Truite arc-en-ciel aux flancs d'une belle couleur cuivre rayée longitudinalement de pourpre est extrêmement rustique et s'acclimate parfaitement. C'est un poisson à croissance rapide, exigeant des eaux à une température plus élevée que la Truite ordinaire, soit 18 degrés, et où il peut rencontrer en abondance les diverses variétés de poissons blancs dont il fait sa nourriture.

Il s'accommode d'ailleurs de proies variées, et à défaut de Crevettes d'eau douce, consomme beaucoup de petits mollusques, de vers et de larves de Diptères.

On voit les Truites arc-en-ciel suivre en troupe les Gardons au moment où ceux-ci s'approchent de la côte pour y frayer et elles en font une grande destruction.

On les capture dans les Roselières de la Beine Sud du lac. Elles atteignent exceptionnellement un poids de 3 kilos.

La Truite arc-en-ciel fraye à l'embouchure du Sierroz, de la Leysse et du canal de Savières, du 15 *mars à la fin d'avril*.

On rencontre parfois des hybrides *Salmo trutta* × *irideus,* caractérisées par de petites taches noires semées sur fond cuivré.

Lac d'Annecy. Des essais de peuplement ont eu lieu depuis 1900. On a capturé sur la côte de Sevrier des individus pesant de 150 gr. à 1 kg. 500. On la pêche également par 35 mètres de fond dans le Petit Lac, mais l'espèce semble aujourd'hui en voie de raréfaction.

L'Omble-Chevalier *Salvelinus umbla* L.

La livrée de l'Omble-Chevalier est variable, à tel point qu'on a cru reconnaître dans ce Salmonidé au moins deux variétés. Les pêcheurs les appellent *Omble blanche* et *Omble grise.*

L'Omble dite *blanche* est lavée d'un bleu olivâtre depuis la tête, sur le dos, jusqu'à la queue. Cette teinte s'atténue en s'approchant de la ligne latérale. Les flancs sont blancs rosés et le ventre argenté. Les nageoires dorsale et anale sont jaune clair légèrement pointillé.

L'Omble dite *grise* possède le dessus de la tête et le dos d'un bleu vert foncé. Les flancs sont blanc jaunâtres, le ventre argenté rosé ; ils sont semés de fines macules auréolées d'une faible teinte orangée. Les dorsale et anale sont tachées d'un pointillé noir ; l'anale est plus claire, très faiblement mâchurée avec son premier rayon d'un blanc pur. Les pectorales et ventrales sont jaune orangé.

A l'époque de la reproduction, ces couleurs s'accentuent ; le ventre devient rouge saumon et souvent la mâchoire inférieure présente à son extrémité un tubercule noir recourbé (individus *bécards*).

Les Ombles dont quelques exemplaires atteignent parfois un poids de 3 kg., la moyenne étant de 7 à 800 gr., sont essentiellement carnassières. Elles dévorent indistinctement des jeunes poissons ou des œufs de leur propre espèce.

Les œufs d'omble forment en effet d'excellentes amorces employées par les braconniers pour pêcher à la ligne ce Salmonidé en temps prohibé.

Même prises dans les filets, les Ombles se déchirent entre elles avec leurs dents et s'enlèvent mutuellement des lambeaux de chair.

Chez ces êtres, essentiellement pélagiques, la nourriture, à certaines époques est presque entièrement composée de plancton. Au printemps et en été, surtout au moment du 1er maximum du plancton, on trouve l'estomac de ces poissons rempli de nombreux Cladocères (*Daphnia, Daphnella, Bosmina, Leptodora*) des pupes de Diptères (*Culex* et *Chironomus*) des larves d'Ephémérides et des Copepodes et des Calanides *teintés d'une belle couleur rouge.*

En hiver, ce sont des *Gammarus*, larves de *Sialis*, de Phryganides, de Diptères, des œufs de Truite, de Lavaret et même d'Omble-Chevalier.

En automne, on ne rencontre dans l'estomac que du plancton composé surtout de gros Cladocères.

Causes de la salmonisation des Ombles.

Chez les Ombles, on rencontre des individus à chair blanche ou à chair *rosée*. Cette différence de couleur est due au régime alimentaire. En effet les Ombles à chair saumonée capturées pendant les mois d'avril et de mai m'ont souvent montré un estomac bourré de Copépodes et de Calanides (*Cyclops sirenuus* et *Diaptomus gracilis*) fortement colorés par les gouttelettes huileuses d'un lipochrome rouge-orangé.

Les pêches au filet fin pendant cette période ramenaient un plancton presque exclusivement composé d'Entomostracés rouges. C'est cette huile qui, une fois la proie ingérée, diffuse dans les tissus du poisson pour donner à sa chair la couleur orangée.

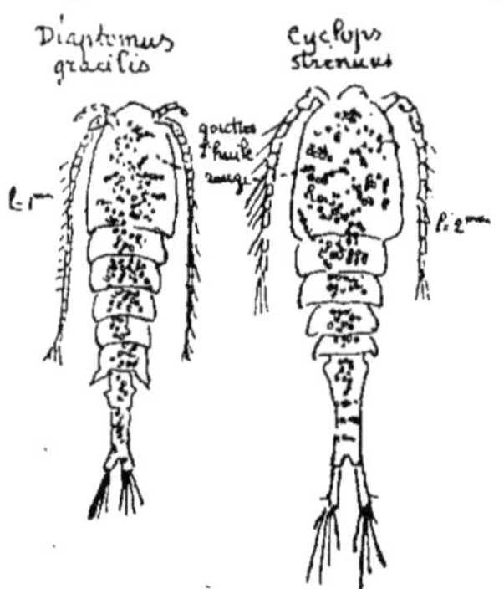

Cette observation concorde avec celle du professeur Léger qui, par expérimentation dans les bacs de son établissement de pisciculture (1) a obtenu des Salmonidés à chair saumonée, en les nourrissant avec des Crevettes d'eau douce farcies de globules d'une huile rouge.

Au Bourget, en juin, les Ombles se tiennent près de la côte Ouest du lac, en compagnie des Bezoules. En automne elles descendent dans les profondeurs moyennes pour y chercher leurs frayères.

Les mâles apparaissent les premiers ; au début du rassemblement sexuel il y a prédominance des mâles.

Le début du frai se place ordinairement dans les *premiers jours de novembre*. C'est en effet à partir du 1er *novembre* que

(1) L. Léger, *Bull. du labor. de pisciculture de Grenoble*, 1910, I. p. 550.

les œufs sont près d'atteindre leur diamètre normal. Ils deviennent alors libres dans la cavité générale ; la laitance commence également à diffluer. Ces Salmonidés sont prêts à frayer. La ponte se poursuit jusqu'au 15 *janvier au maximum.*

L'examen des organes génitaux pratiqué pendant tout le cours de l'année indique que le développement des œufs se poursuit depuis le mois de juin jusqu'au mois de septembre et les pêcheurs affirment que l'Omble blanche fraye en été tandis que l'autre fraye en hiver. Le fait n'est pas exact, car les œufs se rencontrent à un état de développement à peu près uniforme 1^{mm} à 2^{mm} ; ils sont immatures et ils n'atteindront qu'en décembre leur diamètre normal 4^{mm} à $4^{mm}5$. Ce qui a pu causer cette erreur, c'est que l'on trouve très fréquemment dans la cavité générale, pendant la période d'été, des œufs *flasques*, de diamètre normal. Ce sont les œufs qui n'ont pas été expulsés lors de la dernière ponte.

On peut se rendre compte par le tableau suivant du développement des œufs.

Année 1917	8 juin	œufs, diamètre =	1^{mm}
	15 »	»	$1^{mm}5$
	2 juillet	»	$1^{mm}5$
	18-25 juillet	»	2^{mm}
	2 août	»	2^{mm} à $2^{mm}5$
	16 »	»	3^{mm}
	27 septembre	»	3^{mm}
	19 octobre	»	3^{mm}
	3 novembre	»	$4^{mm}2$ libres.
	1er décembre	»	$4^{mm}5$ libres
	20 décembre	»	$4^{mm}5$ à $4^{mm}6$ lib.

Année 1918 18 mars ovaires nuls des œufs très petits ; d. = $0^{mm}45$ et $0^{mm}81$.

La durée de l'incubation étant de 65 à 70 jours, les œufs restent abandonnés sans protection sur le fond et deviennent une proie facile pour les autres carnassiers, Truites et Lottes. J'ai rencontré souvent au mois de janvier dans l'estomac de ces dernières de nombreux œufs d'Omble et de Truite.

La pêche de l'Omble-Chevalier se pratique soit au grand filet dormant soutenu par des flotteurs, soit dans une embarcation avec plusieurs cuillers le long du fil de ligne.

Localisation des frayères.

Les frayères d'Ombles sont situées au Bourget par 10, 20

ou même 30 mètres d'eau sur les parties déclives formées de talus d'éboulis ou de graviers (*Voir Carte*).

En face de la côte Ouest entre Bourdeau et Hautecombe, (à la Grande Carrière). Dans la partie Nord depuis Saint-Gil jusqu'à la hauteur de La Chatière. Sur la rive Est, tout le long du chemin de fer jusqu'à l'extrèmité Sud du Grand Tunnel, autour de la Pointe de Brizon — de Bon-Port à Drivet et sur tout le pourtour de la partie méridionale du lac, dans les profondeurs moyennes de Drivet au port du Bourget et jusqu'à Bourdeau.

Lac d'Annecy. L'Omble-Chevalier n'existe dans le lac d'Annecy que depuis 1890. A cette époque on y jeta 2.200 alevins. D'autres peuplements ont eu lieu : en janvier 1907, 5.000 alevins ; en janvier 1908, 5.000 alevins; en mai 1908, 10.000 Ombles de trois mois ; en mai 1910, 10.000 individus de quatre mois. Ce Salmonidé s'est admirablement multiplié et c'est une des ressources alimentaires les plus appréciées de ce lac.

L'Omble s'approche des bords au mois d'août, les gros individus fréquentent la limite du Bleu et les petits se tiennent habituellement plus au large. Ces derniers trouvent dans cette région le plancton indispensable à leur nourriture, tandis que les autres recherchent dans les plantes aquatiques des proies plus grosses ou des alevins.

Les Ombles blanches et grises frayent dans une faible profondeur en *novembre, décembre jusqu'au* 15 *janvier* sur les cailloux, graviers et éboulis bien lavés, différence biologique avec la même espèce au Bourget.

Localisation des frayères.

Côte de Chavoire, de la Tour jusqu'au Prieuré ; du ruisseau des Bains de Menthon, tout autour du Roc de Chère, jusqu'à la grande faille orientale du Roc ; du port de Talloires jusqu'au Sud du delta torrentiel d'Angon ; partie S. E. de la beine Sud du lac ; côte Ouest depuis la Maladière jusqu'au ponton de Duingt ; depuis l'hôtel Beaurivage, jusqu'au promontoire de la Puya ; les graviers de la presqu'île d'Albigny (Impérial Palace) ; enfin sur les scories abandonnées par les bateaux à vapeur dans les profondeurs moyennes.

Les Ombles-Chevalier sont parasités par *Ichtyotœnia longicollis*, et par *Botryocephalus latus*.

Le Saumon de Fontaine *Salvelinus fontinalis* Mitch.

Espèce américaine d'introduction récente dans nos lacs. Elle recherche comme la Truite les eaux froides et vives, et fraye en *novembre* et *décembre*.

En 1905 et 1906 on immergea dans le lac d'Annecy 26.000 individus de six mois. Le développement de ce Salmonidé n'a pas été bien remarquable : on en capture de temps en temps sur la côte de Sevrier, près de l'embouchure du ruisseau de la Planche.

Le Brochet *Esox lucius* L.

Le Brochet abondant au Bourget, atteint parfois une taille considérable. On a capturé à Terret-Nu, un individu pesant 13 kg. 500. On le pêche à la ligne amorcée avec la Soueffe, la Vandoise ou encore à la grande nasse ou au filet dormant.

Le Brochet fraye de très bonne heure, dès le 15 *février jusqu'à la fin de mars*. L'époque la plus active est le *commencement de mars*.

Il s'engage dans les délaissés, même les fossés où il trouve des eaux tranquilles et peu profondes, abondamment garnies de végétation. Il affectionne particulièrement les plantes à longues tiges : (*Ranunculus aquatilis*, *R. trichophyllus*, *R. lingua*) qui acquièrent un beau développement par exemple dans le délaissé de Châtillon, où débouche le ruisseau de Chindrieu.

Il dépose également ses œufs dans les délaissés de Grésine, Quinsard, de Bon Port ; à Terret-Nu et sur toute la beine méridionale ainsi que sur la vaste beine entre La Châtière et Châtillon.

Le Brochet est parfois envahi, à la fin de la période du frai en mars, quand la température se radoucit, par une maladie épidémique : une Mousse (*Achlya prolifera*) qui fut si meurtrière en 1911 qu'on voyait flottants sur les bords du lac, de nombreux cadavres de jeunes brochets variant en poids de 250 à 300 grammes.

Lac d'Annecy. N'y existe plus depuis au moins un siècle. Il était très abondant autrefois ainsi qu'il résulte d'un texte de la fin du XVIe siècle. A. Delbene. *Fragmentum descriptionis Sabaudiœ* 1593-1600. Ms. lat. Arch. d'Etat de Turin.

Le Poisson-Chat *Ameiurus nebulosus* Jen.

Ce Silure, introduit, on ne sait quand, ni comment, au lac du Bourget, s'y est multiplié et il n'est pas rare d'en capturer des exemplaires d'assez belle taille, dans les endroits où l'eau peu profonde s'échauffe facilement.

Ce poisson exotique est carnassier et vorace ; il constitue un réel danger pour les espèces indigènes, car il est dévastateur de frayères.

Le Poisson-Chat qui se nourrit de Loches, Vairons et de Grenouilles s'attaque aux œufs et aux alevins. Il est parfaitement armé pour la lutte, car les piquants de ses pectorales empêchent même le Brochet de s'attaquer à lui.

Il s'introduit en *juin et juillet* dans les délaissés pour y frayer. C'est ainsi qu'en août 1917, on voyait un grand nombre de jeunes, longs de 7 cm., nageant en bandes parmi les plantes aquatiques du délaissé de Brizon.

Lac d'Annecy. La présence du Poisson-Chat y fut constatée en 1910. Un exemplaire de belle taille, 30 cent. de longueur a été pêché au Bout-du-Lac. Depuis cette époque on n'en a plus revu. Il résulte d'une enquête sur l'origine dans nos eaux de ce poisson que deux jeunes ayant été conservés pendant quelques semaines dans un aquarium à Talloires par un touriste, ce dernier s'en serait ensuite débarrassé au moment de son départ en les jetant dans le lac.

L'Anguille *Anguilla vulgaris* L.

L'Anguille commune est peu abondante au lac du Bourget. Les Anguilles des fossés et ruisseaux des plaines marécageuses du Nord et du Sud, pénètrent à l'état erratique dans le lac.

Elles y atteignent, une fois définitivement fixées dans ce milieu, tout en devenant stériles une taille assez considérable.

Elles subissent, ainsi que le fait remarquer Roule, en raison de leur séjour permanent en eau douce, une véritable castration naturelle dont les conséquences d'engraissement se réalisent de la même façon qu'ailleurs.

On prend parfois, à la ligne de fond, de beaux exemplaires pesant jusqu'à 4 kilogrammes.

Une forme intéressante, au point de vue morphologique, est à noter au Bourget. Elle est intermédiaire entre les anguilles à bec moyen et les anguilles à long bec. Blanchard, qui la caractérise par un museau court et obtus en fait la variété *A. oblongirostris.*

Lac d'Annecy. L'Anguille y est extrêmement rare. On en prend cependant à de très longs intervalles, de beaux exemplaires dans les nasses ou à la ligne de fond, à la Puya, sur les côtes de Sevrier et de Saint-Jorioz, au Bout du Lac, à Talloires et au ruisseau des bains de Menthon.

Une Anguille prise à Sevrier parmi les roseaux dans une nasse mesurait 1 m. 07 et pesait 3 kg. 200 ; un autre de 3 kg. a été capturée à Albigny. Un exemplaire de 90 cm. de longueur est conservé au Musée d'Annecy.

La Lotte *Lota vulgaris* Cuv.

Il existe deux variétés de Lottes : l'une de grande taille et de couleur grise qui fraye dans les eaux du lac ; l'autre dite noire, moins grosse, d'une teinte plus foncée, à marbrures brunes, qui fraye dans les affluents et les fossés.

La taille des Lottes est comprise entre 0 m. 25 et 0 m. 60 ; quelques individus atteignent un poids de 1 k. 500 à 3 k.

On pêche les Lottes avec un filet de 1 m. 50 de hauteur descendu sur les fonds de 80 à 100 mètres où ces poissons se tiennent.

L'époque la plus favorable est le mois de mai.

Du fait des habitudes de la Lotte qui fréquente les grands fonds, il résulte que souvent, le contenu de son estomac révèle des espèces de profondeur très intéressantes, qui vivent uniquement dans ces régions, tels *Pisidium Foreli*, P. *Henslowianum*, P. *nitidum*, petits mollusques dont l'existence a été connue par l'examen viscéral.

L'époque de la ponte s'étend du 15 *décembre* au 15 *février*, mais surtout depuis le 1er *janvier* ; elle peut se prolonger certaines années jusqu'à la *fin de février.*

Localisation des frayères.

Les Frayères se rencontrent sur les côtes abruptes et rocailleuses de la côte Ouest où la Lotte colle ses œufs aux cailloux et graviers. Elle fraye plus au large par les temps froids sur les fonds de 80 à 120 mètres.

La petite Lotte noire, remonte un peu les affluents et va déposer ses œufs dans les fossés des marécages, tout près des rives du lac.

La dimension des œufs mûrs varie de 0mm7 à 0mm8.

Le tableau suivant résumant les observations faites en

1917 et 1918 montre les stades du développement des œufs de la Lotte.

1917	23 mai	diam. des œufs =	0mm3
	3 août	»	0 2
	4 octobre	»	0 2
	17 novembre	»	0 3
	1er décembre	»	0 2
1918	3 janvier	»	0 7
	31 janvier	»	0 8
	8 février	»	0mm8
	16 février	»	0 8
	24 février	»	0 8
	28 février	»	0 8

On voit que la maturité de l'œuf est atteinte fin janvier et que la période active de la ponte est le *mois de février.*

La voracité de la Lotte est extrême. L'examen du contenu stomacal de nombreux individus démontre que ce poisson se nourrit de petits crustacés, de larves d'insectes, de mollusques, de poissons, de perchettes, de jeunes ombles-chevaliers et surtout en grande quantité d'œufs de Salmonidés. A plusieurs reprises j'ai même trouvé l'estomac des Lottes rempli des œufs de leur propre espèce. Les pêches du matin fournissent des Lottes dont l'estomac est bourré surtout de Cladocères ; ces poissons ayant chassé à fleur d'eau pendant la nuit ou dans leur rythme journalier ces Entomostracés montent à la surface.

La Lotte est parasitée par *Cucullanus elegans* bourré d'embryons en juillet, *Ascaris mucronata* et dans les appendices pyloriques par *Echinorhynchus globulosus* qui existent constamment en énormes quantités dans ces organes.

Observation. Il serait certainement utile d'autoriser la pêche de la Lotte pendant toute l'année, sauf pendant les deux mois de janvier et février. *L'interdiction réduite au besoin au mois de février* (moment le plus actif de la ponte) suffirait pour protéger la reproduction de l'espèce. La pêche restant ouverte pendant le reste de l'année modèrerait la pullulation de ce poisson très prolifique et très dévastateur.

Lac d'Annecy. Les deux variétés de Lottes existent dans le lac d'Annecy.

La pêche s'effectue soit à la ligne de fond, soit au moyen de nasses non amorcées. Ces nasses sont fabriquées avec des brins d'osier, leur longueur est de 0 m.70, l'ouverture arrondie a 0 m. 25 de large sur 0 m. 15 de hauteur. L'écartement réglementaire des brins est de 27 millimètres. On les amarre au nombre de 30 à 40 sur une corde de 200 à 220 mètres qu'on immerge dans l'eau à une profondeur de 40 à 50 m. Ces nasses servent de refuge pendant le jour aux Lottes qui en sortent la nuit pour chasser.

La Lamproie *Petromyzon marinus* L.

La Lamproie appelée vulgairement Sept-Yeux, est un poisson migrateur qui effectue sa croissance principale à la mer et vient frayer en eau douce, arrive du Rhône dans le lac, par le canal de Savières, en même temps que l'Alose, vers le mois de *mai*.

Elle effectue sa remontée soit en nageant soit en s'accrochant par son suçoir aux Aloses qui ainsi les transportent.

La Lamproie, une fois dans le lac, s'attaque aux poissons vivants en s'y fixant au moyen de sa ventouse buccale et déchire avec ses dents les téguments de sa victime. Il n'est pas rare de recueillir à la surface de l'eau des poissons gravement endommagés par la succion de ce Cyclostome.

La Lamproie n'existe pas au **lac d'Annecy**.

LES FRAYÈRES

Leurs relations avec les Associations végétales

I. Lac du Bourget *(Voir cartes pp. 120-121.)*

Du port du Bourget à Bourdeau.

Beine très étroite formée de sables et de graviers. Associations végétales : Roseaux au bord, Joncs vers le large ; plus profondément *Myriophyllum* et *Chara*.

Cyprinidés : *Perches* sur le molard, à la limite du bleu ; *Mirandelles*, belle frayère à la pointe de la Mirandelle, près de la maison Excoffier ; au Sud du torrent de Gerle, à la grotte de Lamartine.

Salmonidés : *Lavarets*, depuis le port du Bourget jusqu'à la maison Excoffier.

De Bourdeau à Pierre-Meunier.

Côte formée de rochers abrupts, éboulis, beine presque

nulle. Associations végétales : Côte désertique, rares îlots de joncs.

Cyprinidés : *Mirandelles.*

Lottes. dans les parties rocheuses au sud de la Grande Carrière. Salmonidés : *Omble-Chevaliers*, au nord de Bourdeau, à la Grande Carrière, devant Pierre Meunier ; *Lavarets*, tout le long de la côte ; *Bezoules* : entre la Grande Carrière et Hautecombe.

De Pierre-Meunier à Conjux.

Rochers tombant à pic dans le lac, blocs, éboulis, graviers ; à Hautecombe, petite beine sableuse.

Associations végétales : Rares îlots de Roseaux et de Joncs. Dans l'anse d'Hautecombe, Roseaux au bord, Joncs en dehors ; sur le Mont : *Polygonum amphibium, Potamogeton, Myriophyllum.*

Cyprinidés : *Perches* sur le Mont, jusqu'à Hautecombe ; *Mirandelles* jusqu'à Conjux. Tous autres Cyprinidés dans l'anse d'Hautecombe.

Lottes, sur le mont, dans les excavations des rochers.

Salmonidés : *Lavarets* jusqu'à Conjux : frayère importante à la baie de Bernoud. *Ombles-Chevaliers* : frayères en bandes presque continues ; *Bezoules*, au large en profondeur.

La grève de Chatillon par baisse exceptionnelle des eaux.

LaSirpaie très développée *(Scirpus lacustris)*. — En avant la Polygonaie (*Polygonum amphibium* vers *natans*). — Au premier plan les cailloux sculptés recouverts d'Algues incrustantes et cariantes.

De Conjux à Châtillon.

Une beine importante se développe à partir de Saint-Gil ; elle est formée d'un limon blanchâtre très calcaire et atteint une largeur de 400 à 500 mètres, de la Chatière à Conjux.

Ce sol limoneux est semé de concrétions tufeuses (algues incrustantes et cariantes), jusqu'à l'Est de la pointe de Châtillon.

Associations végétales : A Saint-Gil : alternance de Roseaux et de Joncs. A Conjux : une Phragmito-Scirpaie. Au bord : *Potamogeton perfoliatus*, *Myriophyllum*, *Ranunculus trichophyllus*. A partir de Conjux, formations végétales très denses. Au bord *Polygonum amphibium*, *Nymphea alba*. Plus loin vastes fourrés de *Phragmites* et de *Scirpus* en mélange. Le Canal de Savières s'ouvre dans cette puissante formation. Sur le mont : *Chara*, *Naias major*. Disséminés. *Villarsia*.

Cyprinidés : Importantes frayères : *Gardons*, *Vandoises*, *Hottus*, *Tanches*, *Carpes*, *Brêmes*, *Rosses*, *Goujons*, *Brochets* *Perches* sur le mont.

Lottes, sur le mont.

Salmonidés : quelques frayères d'*Omble-Chevalier*, au large, *Lavarets* autour du rocher de Châtillon. Au large, *Bezoules*.

Du rocher de Châtillon à l'extrémité Sud du délaissé.

Dans l'anse, entre le rocher de Châtillon et le délaissé, dépôts limoneux, calcaires et sableux. Nombreux tufs lacustres.

Associations végétales. Roseaux et Joncs alternants. En dedans *Polygonum*, *Myriophyllum*, *Villarsia*, *Nymphea*, contre la ligne du chemin de fer.

Dans le délaissé de Groisin ou de Châtillon : *Phragmites*, *Scirpus*, *Typha*, *Ranunculus lingua*, *R. trichophyllus*, *Potamogeton lucens*, *P. perfoliatus*, *Villarsia nymphoïdes*.

Sur la beine et dans le délaissé excellentes frayères de Cyprinidés.

Perches sur le Mont.

Salmonidés : *Lavarets* depuis le rocher de Châtillon.

Du délaissé de Châtillon à Pierre-bise.

Graviers, enrochements du talus d'accotement de la route, éboulis.

Associations végétales : Plages disséminées et alternantes de Roseaux et de Joncs. Sur le mont : *Myriophyllum*, *Potamogeton*, *Charas*.

Cyprinidés : *Mirandelles*, *Goujons*, *Gardons*, *Brêmes*, *Vandoises*, *Perches* sur le mont.

Salmonidés : *Lavarets*, *Ombles-Chevaliers* à Pierre-bise.

De Pierre-bise à la pointe de Largue.

Sables et graviers, rochers, menus éboulis du talus de la

voie du chemin de fer. Beine réduite au Nord, large en bordure du délaissé de Grésine. Associations végétales. Ilots très espacés de Joncs alternant avec quelques touffes de Roseaux. Sur le mont : *Potamogeton*, *Myriophyllum*, *Chara*, *Naias*.

Cyprinidés : *Mirandelles* sur les graviers dans tout ce secteur. Tous autres poissons blancs sur la beine. *Perches*, importante frayère sur les plantes aquatiques du mont, dans toute la baie de Grésine jusqu'au delà de la pointe de Largue.

Salmonidés : *Lavarets* sur les graviers dans tout ce secteur,

Le délaissé de Grésine à gauche de la voie du chemin de fer. A droite, le lac du Bourget ; au fond Phragmito-Scirpaie (Roselière). Les roseaux forment ceinture au bord, les joncs sont en dedans. Disséminés : îlots de joncs, *Nuphar*, *Nymphæa*, *Potamogeton*, *Myriophyllum*. — Au fond la Dent du Chat.

Ombles-Chevaliers. Plus au large depuis la sortie du tunnel jusqu'à la pointe de Brizon-Saint-Innocent, toute la baie de Grésine.

Délaissés. I Brizon.

Ce délaissé s'étend à l'Est de la voie du chemin de fer dont le remblai le sépare du lac. Il est en communication avec ce dernier par un canal sous un ponceau.

Fond vaseux, par places sableux, couvert d'un tapis de matières végétales décomposées.

Associations végétales : *Phragmites* dominants, mêlés à quelques *Scirpus*. Dans les espaces libres flottent les feuilles et fleurs de *Villarsia nymphoïdes*. Le fond est tapissé de *Myriophyllum*, de flocons d'algues *Chlorophycées* et de plaques d'*Oscillatoria*.

Importante frayère pour tous Cyprinidés. — En septembre 1917, une grande quantité de Poissons-Chat (*Ameiurus nebulosus*) longs de 8 centimètres nageaient dans les eaux de ce délaissé.

II. Grésine.

C'est le plus vaste délaissé. Le fond est un peu sableux et en majeure partie vaseux.

Associations végétales : *Carex stricta* au bord, *Typha latifolia*, *Phragmites* et *Scirpus* se pénétrant les uns les autres avec prédominance de Roseaux. Au centre *Nuphar*, *Potamogeton*, *Myriophyllum*. Au bord *Populus nigra*, *Salix incana*, *Lythrum salicaria*.

Excellente frayère pour tous les Cyprinidés : *Carpes*, *Tanches*, *Brêmes*, *Rosses*, *Gardons*, *Vairons*, *Brochets*.

III. Quinsard.

Dans ce délaissé isolé du lac par la voie du chemin de fer, le fond sableux contribue à maintenir l'eau très claire.

Associations végétales. Carex stricta dont les gazons for-

Les grandes Roselières au nord du Grand Port
Phragmitaie très dense et très large avec Joncs disséminés en îlots.

ment bordure. *Scirpus* formant zone interne aux *Phragmites* sur la rive Est. Dans les espaces libres flottent les feuilles de *Nuphar* et de *Villarsia*. Au fond le sombre tapis des *Myriophyllum*.

Petite frayère, assez bonne pour quelques Cyprinidés.

De la Pointe de Largue au Petit-Port.

Fond calcaire mi-sableux, mi-vaseux, interrompu par le

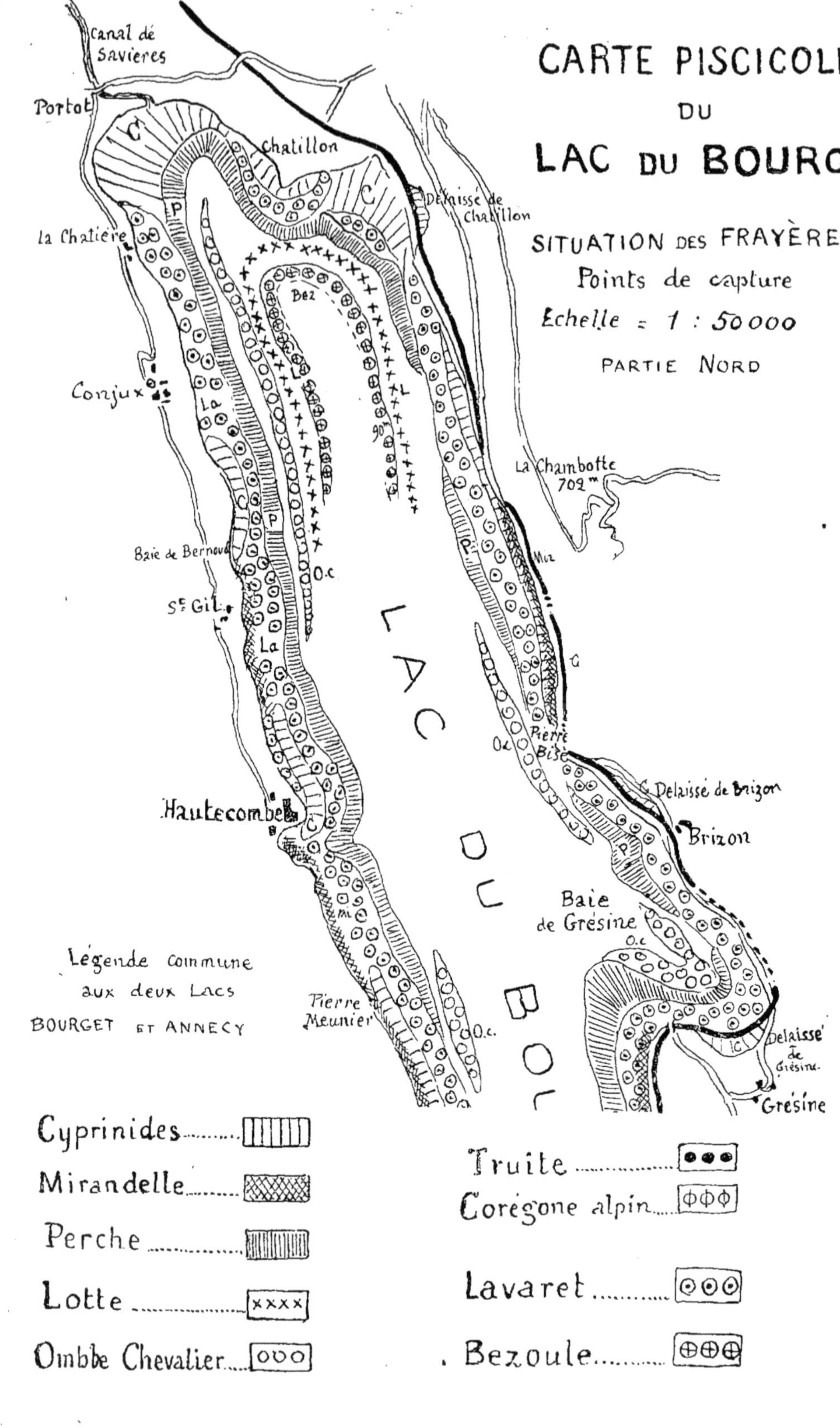
CARTE PISCICOLE
DU
LAC DU BOURGET
SITUATION DES FRAYÈRES
Points de capture
Echelle = 1 : 50000
PARTIE NORD
Canal de Savières
Portot
Chatillon
Delaissé de Chatillon
La Chatière
Bez
Conjux
La
90m
La Chambotte 702m
Baie de Bernoud
P
O.c
Mir
St Gil
LAC DU BOURGET
Pierre Bise
Delaissé de Brizon
Brizon
Hautecombe
Baie de Grésine
Pierre Meunier
Delaissé de Grésine
Grésine
Légende commune aux deux Lacs BOURGET ET ANNECY
Cyprinides
Mirandelle
Perche
Lotte
Ombbe Chevalier
Truite
Corégone alpin
Lavaret
Bezoule

LE LAC DU BOURGET — PARTIE SUD

CARTE DE LA SITUATION DES FRAYÈRES

M. LE ROUX. Recherches biologiques sur les grands lacs savoyards. Annecy 1927

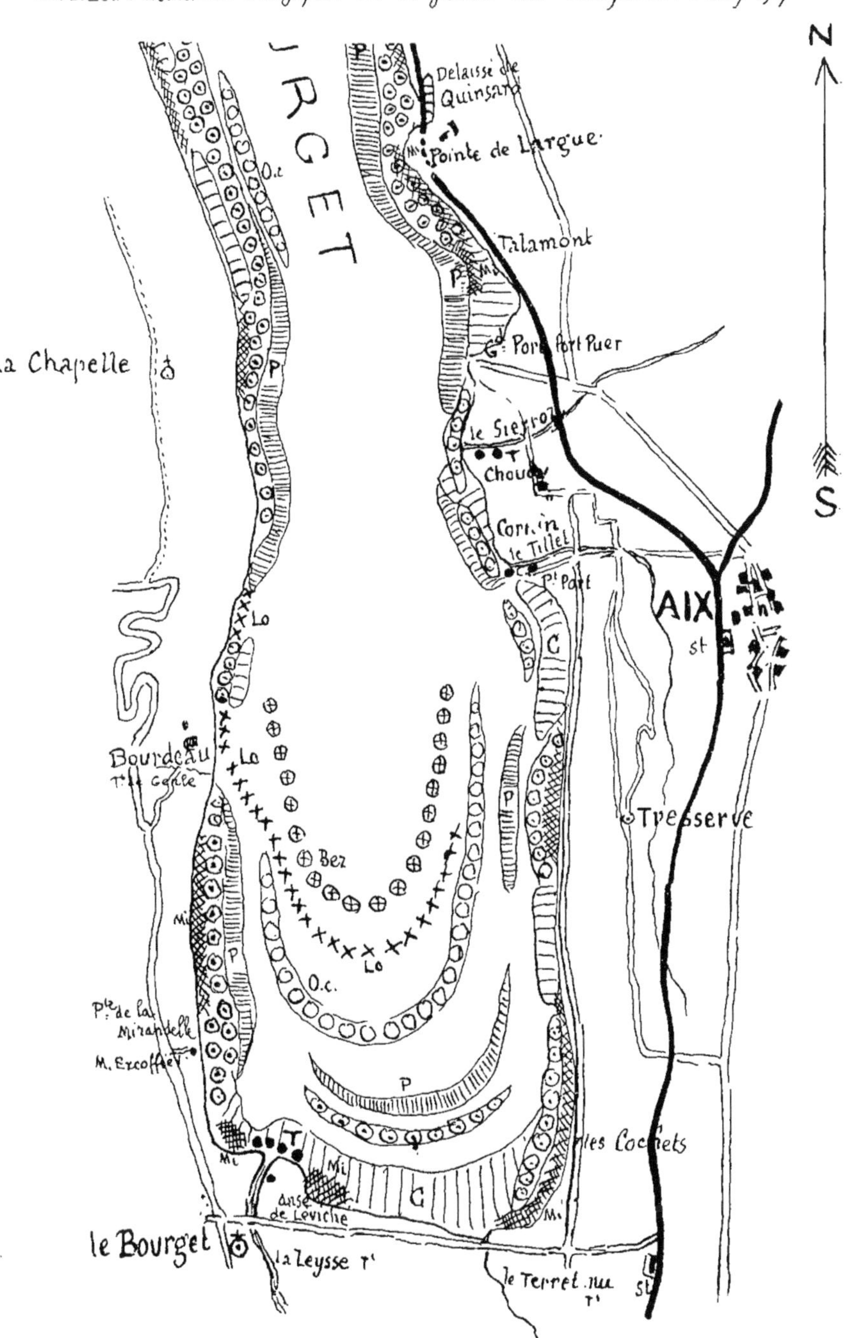

large cône de déjection du Sierroz. Beine assez vaste de la pointe de Largue au Grand-Port.

Associations végétales. La côte, sous Talamont est garnie de *Phragmites* et de *Scirpus*, en îlots alternants plus ou moins étendus. Sous Mémard, où la beine atteint une largeur de 300 mètres s'étale une dense Phragmitaie flanquée d'une Scirpaie, au Nord et au Sud. Près du Grand-Port : *Myriophyllum* et *Potamogeton*. Quelques plages de Roseaux et de Joncs, au Nord de l'embouchure du Tillet, *Potamogeton perfoliatus* et *P. lucens*.

La beine au Sud du Lac, à l'embouchure du Terret-nu.

Phragmitaie et Villarsaie. Roseaux mêlés avec des Rubaniers. (*Sparganium ramosum*), Importante formation de *Villarsia nymphoïdes* (feuilles flottantes au premier plan).

Cyprinidés : *Mirandelles* au bord sur les graviers à la pointe de Largue. Bonne frayère de *Perches* sur le mont et sur le haut fond de Talamont. Dans tout ce secteur : *Brêmes, Carpes, Tanches, Gardons, Rosses, Chevaines, Anguilles, Goujons, Brêmes, Vandoises, Brochets.*

Salmonidés : *Lavarets* de la pointe de Largue à Talamont, à l'embouchure du Sierroz et du Tillet.

Du Petit-Port à Drivet-Terret-Nu.

Limon blanchâtre, argilo-calcaire, graviers et cailloux par places. Beine de 100 à 150 mètres de large jusqu'à Bon-Port.

Association végétale : Large Phragmito-Scirpaie dans l'anse au Sud du Petit Port. Disséminés : *Potamogeton, Nuphar, Myriophyllum.* Ilots très espacés de Roseaux et de Joncs jusqu'aux Cochets.

Cyprinidés : *Mirandelles, Brêmes, Carpes* et autres.

Perches sur le Mont et autour d'un haut-fond en face de Bon-Port. *Perches goujonnières*, sous le hameau des Cochets.

Salmonidés : *Lavarets*, anse au Sud du Petit-Port, sous

Tresserve et de Bon-Port au Terret-Nu. *Ombles-Chevaliers* plus au large depuis le Petit-Port.

De Drivet au Port du Bourget.

Fond limoneux, terrains d'alluvions, marécages. Vers l'embouchure de la Leysse, cailloux roulés et hauts fonds de graviers et de sables. Une vaste beine se développe sur une largeur de 500 à 600 mètres.

Associations végétales : A l'embouchure du Terret-Nu : *Phragmites, Sparganium ramosum, Polygonum amphibium Villarsia nymphoïdes, Potamogeton perfoliatum, P. lucens* avec alternances de *Scirpus*, jusqu'à la pointe de Levicher. Phragmito-Scirpaie, emboîtée l'une dans l'autre s'étendant vers le large. *Chara, Naias major* : ces deux dernières limnophytes végétant sur le mont dans tout le secteur. Vers la Leysse : formations plus disséminées de Joncs, Roseaux, Myriophylles et Potamots.

Cyprinidés. A l'embouchure du Terret-Nu, belles frayères : *Brochets, Tanches, Vandoises, Gardons, Rosses, Brêmes, Chevaines, Goujons, Gardons.* De la pointe de Levicher au port du Bourget : *Mirandelles, Goujons* et *Carpes. Perches* sur le Mont.

Salmonidés : *Truites* à l'embouchure de la Leysse. Au large, *Ombles-Chevaliers, Lottes, Bezoules.*

Les délaissés du lac envisagés comme cantonnements : frayères et alevinières

Les délaissés de la rive orientale pourraient être utilisés en vue de favoriser la reproduction des Cyprinidés. Ils sont dans d'excellentes conditions car, une communication facile avec le lac leur est assurée par les canaux pratiqués sous la voie du chemin de fer.

Ces bassins naturels sont garnis d'une abondante végétation aquatique (v. plan ci-contre) et constituent dès maintenant de bonnes frayères pour les Cyprinidés.

Il est à remarquer que pendant les crues, période où l'eau du lac s'introduit en masse dans les délaissés, le poisson ne pénètre pas dans ceux-ci ; il attend que l'équilibre se soit rétabli.

On pourrait donc interdire périodiquement la communication de ces délaissés avec le lac par l'installation et le jeu de vannes ou grilles qui seraient ouvertes au moment du frai.

Les reproducteurs s'introduiront ainsi dans ces réserves pour y pondre. Ils retourneront naturellement au lac lorsque cette fonction sera terminée.

Ou bien après avoir fermé les vannes on les pêchera au moyen de filets à mailles appropriées, ce qui permettra de cap-

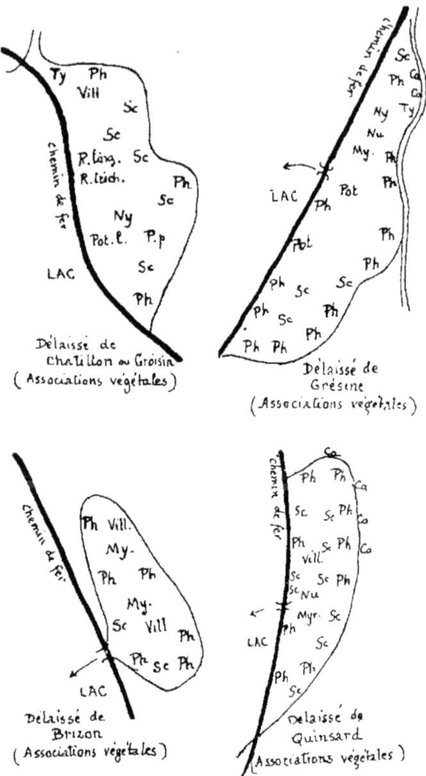

turer en même temps les poissons déprédateurs qui auraient pu s'introduire dans le délaissé.

Les alevins auront ainsi un enclos bien protégé pour se développer en toute sécurité et lorsqu'ils auront acquis les forces et l'agilité nécessaires pour échapper à leurs ennemis, on permettra à ces jeunes de gagner les eaux du lac en ouvrant les vannes. Ce procédé mériterait d'être étudié afin de faire produire à ces délaissés, qui sont déjà de bonnes frayères, leur rendement maximum au point de vue piscicole.

II. Lac d'Annecy *(Voir cartes, pp. 126 et 127)*

(Voir cartes, pp. 126 et 127)

Du port d'Annecy à Chavoire.

Vaste beine couverte d'un dépôt limoneux calcaire très fin dans toute la partie Nord du lac jusqu'à La Tour en diminuant de largeur à la pointe d'Albigny. Puis la côte devient déclive jusqu'à Chavoire, formée de graviers et d'éboulis.

Associations végétales : Gazons de *Chara gymnophylla, C. fœtida* associés à rare *Myriophyllum spicatum*. A l'Est de la presqu'île d'Albigny : au bord une Scirpaie, puis une large Phragmitaie ; en eau plus profonde Potamaie avec *Polygonum natans*, puis sur le talus de la beine : Charaie.

Cyprinidés : *Gardons, Chevaines, Mirandelles, Carpes* et *Tanches* dans les eaux marécageuses d'Albigny. Sur le mont : *Perches* ; en profondeur : *Lottes*.

Salmonidés : *Truites bleues*, belle frayère en face de l'Hôtel Impérial. Vers la balise du chenal : *Corégones alpins*.

De Chavoire aux Bains de Menthon.

Côte très déclive, pentes caillouteuses donnant prise à une beine très étroite.

Associations végétales : Rares *Scirpus* alternant avec *Phragmites* : zone continue de *Potamogeton* et de *Chara* formant bordure au large.

Cyprinidés : *Mirandelles, Perches*.

Salmonidés : *Ombles-Chevaliers, Corégones alpins* (bonnes frayères).

La falaise du Roc de Chère.

Muraille rocheuse tombant à pic dans le lac jusqu'à 40 mètres de profondeur. En certains points de minuscules plages de sable et graviers. Une corniche sous-lacustre sur une largeur de 2 mètres présente un beau développement de tufs calcaires (algues incrustantes et cariantes).

Cyprinidés : Quelques frayères de *Perches* près des Bains et dans la baie de Talloires, sur les cônes de déjection des deux torrents.

Salmonidés : belles frayères d'*Ombles-Chevaliers*.

Lottes sur tout le pourtour du Roc, dans les anfractuosités.

De la baie de Talloires à l'Eau-Morte.

Beine très réduite, berge déclive se raccordant à un sol de sables et graviers. Associations végétales. Ilots de Roseaux

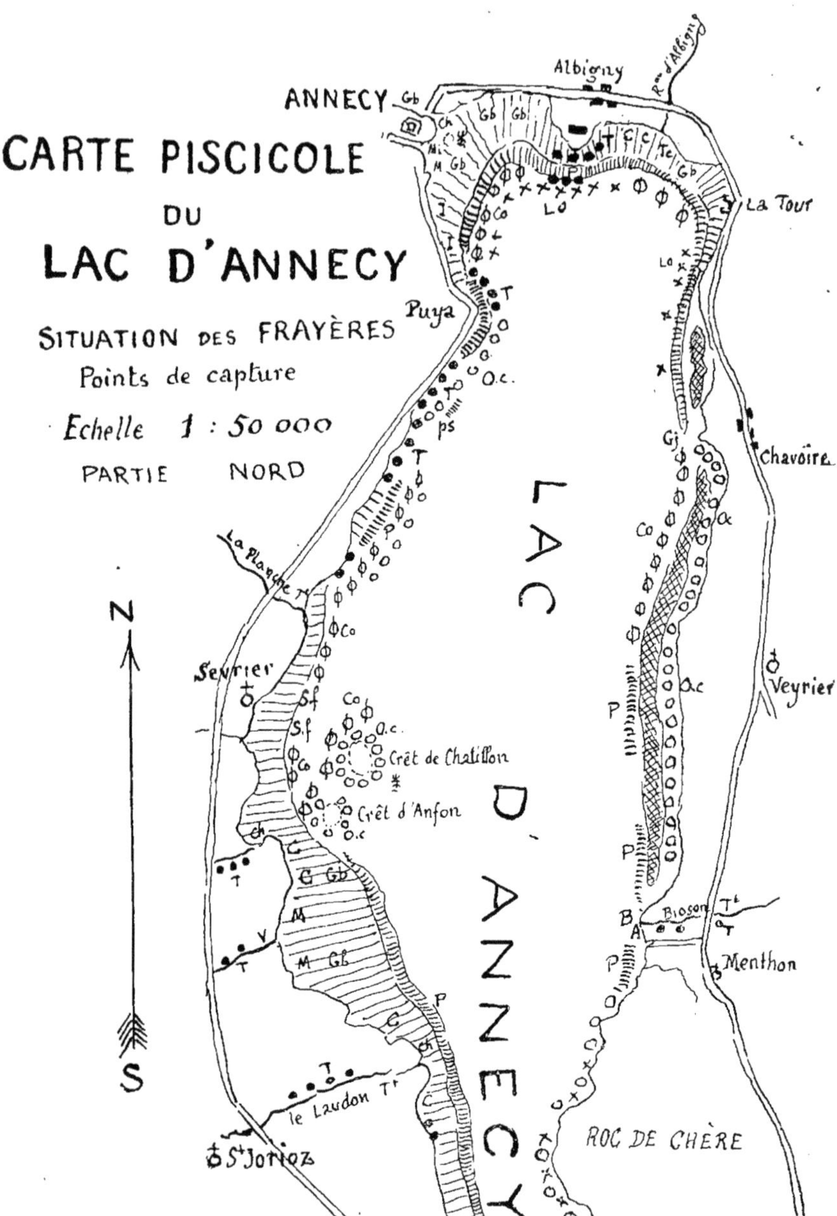

Erratum : Le Torrent de la Planche est indiqué par erreur au Nord de Sevrier tandis qu'il se jette au Sud à la hauteur du Crêt d'Anfon.

LE LAC D'ANNECY .– PARTIE SUD

CARTE DE LA SITUATION DES FRAYÈRES

M. LE ROUX. *Recherches biologiques sur les grands lacs savoyards*

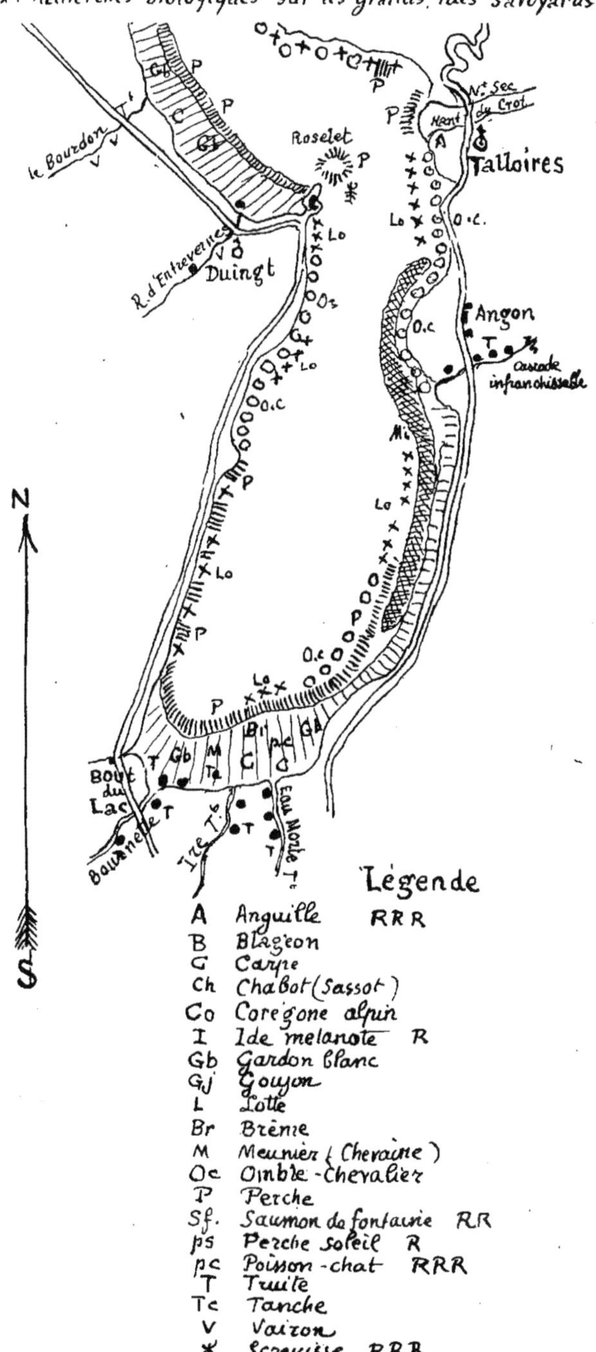

jusqu'à Angon, puis ceinture discontinue de Joncs. Les Roseaux faute de beine limoneuse et meuble ne peuvent y prendre pied par leurs rhizomes. Le cône de déjection du torrent d'Angon donne prise à l'envahissement de la végétation sylvatique avec ses éléments habituels. Plus au large : Potamaie, Naiadaie et Charaie. En profondeur *Elodea canadense*.

Cyprinidés : belles frayères de *Mirandelles, Gardons, Perches, Lottes,* un peu au large.

Salmonidés : *Ombles-Chevaliers.*

De l'Eau-Morte au Bout du Lac.

Sol limoneux calcaire avec débris végétaux et passant vers le Sud au marécage et à la prairie souvent inondée. Là se développe une énorme association de Roseaux hauts de 3 à 4 mètres, serrés en une sorte de brousse presque impénétrable bordée sur le littoral par des gazons de *Carex stricta* en mottes disjointes. Dans les eaux mêmes du lac apparaissent : une Scirpaie avec taches de *Nymphoea*, une Phragmitaie. La série se complète plus loin d'une Potamaie (*Pot. pectinatus*) pénétrant la Scirpaie avec associations représentatives de *Polygonum amphibium* var. *natans, Ranunculus trichophyllus Hippuris vulgaris.* Sur le talus de la beine s'installent les *Chara.*

Cyprinidés : *Carpes, Tanches, Chevaines, Gardons, Perches.* Plus profondément : *Lottes.*

Salmonidés : *Truites* frayères sur les graviers et dans les torrents, Eau Morte, Ire, Bournette.

Du Bout du Lac à Duingt.

La côte se dirige sans articulation du Sud au Nord, avec une beine très réduite. Le lac a entamé les alluvions fluvio-glaciaires des environs de Bredannaz en édifiant une rive caillouteuse et très déclive.

Associations végétales : zone continue de Joncs pénétrée çà et là par de rares taches de Roseaux. Au port de Duingt, en eau profonde : *Polygonum, amphibium* var. *natans, Nuphar luteum* et *Naias major.*

Cyprinidés : *Perches,* tout le long de la côte et autour du Roselet (belle frayère).

Salmonidés : *Ombles-Chevaliers* depuis Bredannaz jusqu'à Duingt.

De Duingt à Sevrier.

Beine très développée formée d'un fin limon calcaire.

Associations végétales : La ceinture littorale est formée en général de *Scirpus* au bord et de *Phragmites* au large; tantôt ces deux formations sont inversées. Au bord s'installent les mottes de *Carex stricta* envahissant la Scirpaie dont le sol est jonché de concrétions tufeuses. La côte est accidentée des cônes de déjection du Bourdon et du Laudon qui imposent une discontinuité dans la série des associations littorales. Ce sont des exemples intéressants de la prise de possession du terrain conquis sur le domaine du lac par la végétation sylvatique. La Phragmitaie est envahie par les alluvions avec cordon littoral de galets. On reconnaît les stades successifs de la végétation forestière : *Salix incana*, *Populus nigra*, *Hippophae rhamnoïdes*, *Frangula vulgaris*. Le tapis végétal est formé par une graminée *Molinia cœrulea* plus ou moins abondante à mesure que les *Phragmites* disparaissent. Depuis le Laudon jusqu'au ruisseau de la Planche s'étend aussi une immense Roselière sur une largeur de plus de 400 mètres. Aux embouchures des ruisseaux et contre les jetées des débarcadères s'organise une végétation de Potamots envahie parfois par les *Charas* et piquée par endroits de taches de *Nuphars*.

Cyprinidés : frayères de *Perches*, *Carpes*, *Gardons*, *Chevaines*.

Salmonidés : *Ombles-Chevaliers* et *Corégones alpins* autour des hauts fonds de Châtillon et d'Anfon, *Saumons de fontaine* (rares). *Truites* au bord du lac au Sud du Laudon et dans tous les torrents affluents. Entrevernes, Bourdon, Laudon, La Planche.

De Sevrier au Port d'Annecy.

Côte plate limoneuse. Beine de 150 mètres de largeur, puis rive rocheuse avec éboulis et eau profonde à partir du tunnel de Beau-Rivage jusqu'au Nord du promontoire de la Puya.

Associations végétales : Ceinture littorale de *Scirpus* plus ou moins pénétrée par les *Phragmites*. Enorme Phragmitaie, puis à mesure que l'eau devient plus profonde les limnophytes se réduisent à des touffes de *Myriophyllum spicatum* mêlés à des gazons de Chara (*C. fœtida*, *C. aspera*) ; *Potamogeton perfoliatus*, *P. natans* et quelques *Ceratophyllum demersum* ; au Nord de la Puya la beine reparaît donnant prise aux Joncs et Roseaux. Vers la jetée apparaît un beau développement de *Chara ceratophylla* associés à *Naias major*.

Dans les émissaires le Thiou et le Vassé, la profondeur de

VUE PANORAMIQUE DU LAC D'ANNECY - LE GRAND LAC - BASSIN DU NORD

Répartition des associations végétales sur le littoral

A gauche, la côte caillouteuse et déclive de Veyrier à Menthon : Scirpes alternant avec Phragmites. Au centre le Roc de Chère et sa falaise plongeant verticalement à 40 m. de profondeur dans le lac. Tufs calcaires (algues incrustantes et cariantes) végétant sur la corniche sous-lacustre. (Frayères d'Ombles et de Lottes). A droite le promontoire de Duingt et les marais de Saint-Jorioz : **Phragmito-Scirpaie** très développée de part et d'autre du delta du Laudon : prise de possession par la végétation sylvatique du terrain conquis par l'alluvionnement sur le domaine du lac. — Au premier plan la Roselière de Sevrier ; **Phragmitaie** au large et **Scirpaie** au bord.

VUE PANORAMIQUE DU LAC D'ANNECY - LE PETIT LAC - BASSIN DU SUD

Répartition des Associations végétales sur le littoral

Talloires — Delta d'Angon — Mont Charbon — Vallon d'Entrevernes — Duingt

Au premier plan : la baie de Talloires : beine réduite. **Potamaie, Naiadaie, Charaie.** Au sud d'Angon. **Scirpaie** discontinue. Même disposition pour la côte Ouest en face. Au fond le vaste marécage du Bout du Lac, formé par l'alluvionnement des torrents Ire et Eau-Morte, offrant la série complète typique des associations littorales (Frayères de Cyprinidés et de Truites). Enorme **Phragmitaie** s'étendant sur le domaine terrestre et tapis végétal de la prairie inondée. A droite le promontoire de Duingt et en avant, à 200 m. au large le haut-fond du Roselet, parsemé de tufs lacustres. (Frayère de Perches.) A droite commencement de la grande Roselière **Phragmito-Scirpaie** des marais de Duingt-Saint-Jorioz.

l'eau permet l'établissement des associations habituelles de *Chara*, mêlés à quelques *Nitella flexilis*, et de toute la série des Potamots : *P. perfoliatus*, *P. densus*, *P. crispus*, *P. lucens*, *P. pectinatus*, *P. pusillus* et enfin depuis quelques années est apparue une plante envahissante *Elodea canadensis* dont le développement est inquiétant.

Cyprinidés : *Mirandelles*, *Gardons*, *Chevaines*, *Perches* à la limite du Bleu. *Perches Soleil*. *Lottes* en profondeur et dans les enrochements.

Salmonidés. *Ombles-Chevaliers*, *Corégones alpins*, le long de la côte jusqu'à la balise du chenal. *Truites*, frayères sur les graviers du lac, au Nord de Sevrier, à Beau-Rivage, à la Puya.

LA CAPACITÉ ALIMENTAIRE DES TORRENTS affluents des lacs

Les notes suivantes donneront un aperçu de la capacité alimentaire de plusieurs affluents des lacs du Bourget et d'Annecy. Quelques-uns seulement ont été étudiés au point de vue de leur valeur en éléments nutritifs, afin d'apporter quelques contributions à l'hydrobiologie piscicole, en ce qui concerne les Salmonidés. Ce ne sont que des esquisses sommaires qui montrent dans quel sens il faudra diriger l'expérimentation, quand il s'agira d'envisager le peuplement futur de nos grands lacs, c'est-à-dire établir la valeur quantitative de la faune nutritive des torrents et de déterminer les éléments dominants et précieux constituant l'alimentation des poissons au point de vue de l'équilibre vital.

I. Lac du Bourget

La Leysse, le Tillet, le Sierroz, ne jouent pas actuellement le rôle qu'ils devraient remplir, en tant qu'affluents du Bourget, dans le phénomène de la migration de la Truite. On est obligé de constater qu'ils sont relativement pauvres en Salmonidés.

Les raisons de cette indigence sont peut-être multiples. Est-ce à la faible teneur de leurs eaux en oxygène dissous ou bien à certaines causes de contamination qu'il faut l'attribuer ? En tout cas, elles ne sont pas encore déterminées. Il y a lieu de négliger le Terret-Nu et l'Albane aux eaux noirâtres, chargées de limon, remuant des fonds vaseux, herbeux, rarement sableux et qui sont dépourvus de Truites. Il en est de même des torrents tombant du plateau de Bourdeau dont ces poissons ne peuvent remonter le cours qui cascade sur des abrupts. Aussi n'ai-je étudié que les *trois principaux cours d'eau* et seulement dans leur *tronçon inférieur*.

***

Des procédés rationnels pour le peuplement des cours d'eau ont fait l'objet des préoccupations des naturalistes pendant ces dernières années. On s'est rendu compte, en effet, qu'il ne suffit pas de jeter un nombre quelconque d'alevins de Salmonidés dans un torrent sans s'inquiéter de savoir si les jeunes pourront y trouver la nourriture nécessaire à leur existence.

On doit donc nécessairement définir la relation existant entre la quantité d'organismes qui habitent un cours d'eau et le nombre des poissons qui peuvent y subsister, précisément en utilisant cette quantité existante d'éléments nutritifs.

Cette tâche a été entreprise et menée à bien par le Professeur Léger de l'Université de Grenoble. Ce savant a établi les bases scientifiques de la mise en valeur des eaux dans le Dauphiné et par une méthode rigoureuse est arrivé à calculer une formule dite de *lancement*, dont les heureux résultats ont déjà été constatés (1).

Le Sierroz

Cours d'eau non navigable de largeur moyenne : 9 m. ; profondeur 0 m. 60 à 1 m. Le courant a une allure rapide, torrentueuse, irrégulière. A la suite de pluies persistantes dans le bassin supérieur, le torrent devient impétueux et ravageur. Un barrage, à l'aval du pont du chemin de fer ne constitue pas un obstacle infranchissable pour la Truite, lors de la remontée de ce poisson.

L'eau est limpide ; température : 7°5. (Observation de novembre). Caractère du fond : petits et gros cailloux roulés,

(1) L. Léger, *Principes de la méthode rationnelle du peuplement des cours d'eau à Salmonidés*. (Annales de l'Université de Grenoble, 1910, p. 533.)

Cette formule permet de déterminer le nombre d'alevins que doit recevoir par kilomètre, un cours d'eau de largeur moyenne L.; connaissant sa capacité biogénique β, c'est-à-dire la quantité d'éléments nutritifs pour laquelle on établit une échelle d'appréciation de I à X. $10 \beta (L + 5)$. On ajoute 5 à la largeur du cours d'eau et on multiplie le résultat par 10 fois sa capacité biogénique.

blocs épars sur fond de nature alluvionnaire de couleur générale claire. Flore aquatique : pauvre, quelques algues Chlorophycées et Cyanophycées. Les rives sont formées de digues ou de marais avec bouquets d'arbres : Saules, Aulnes.

Faune nutritive : Poissons de petite taille : *Vairon, Chabot, Loche.* Espèces dominantes : *Gammarus pulex*, parasité quelquefois par *Cyathocephalus truncatus*, cestode qui envahit la Truite ; *Ephemerella vulgata, Bœtis Rhodani, Perla bicaudata.*

Herpobdella octoculata, Clepsina bioculata, Polycelis cornuta, P. nigra, Chironomus plumosus.

Espèces nombreuses : *Rhyacophila nubila, Anabolia nervosa Goera pilosa, Hydropsyche.*

Poissons locaux : Truite qui remonte en novembre, décembre.

Dosage de l'oxygène dissous : température : 7°5. Oxygène : 5 cc 32 par litre.

Dosage de l'oxygène dissous (eau du lac) : température : 9°. Oxygène : 5 cc 11.

Capacité biogénique = VI.

Le Tillet

Cours d'eau non navigable, de largeur moyenne : 5 m. ; de profondeur moyenne : 0 m. 80. Le courant a une allure rapide, régulière. Pas d'obstacle à la circulation du poisson dans cette partie. Eau trouble de couleur foncée. Température : 8°1. Fond de nature alluvionnaire avec petits cailloux roulés. Couleur générale noirâtre.

Flore aquatique : Potamots, Myriophylles, Helodea, quelques Scirpes et Phragmites.

Les bords sont bas et à pic. Nature des rives : prairies, cultures, digues. Elles sont bordées d'arbres : Aulnes, Saules, Myricaria, qui fournissent une faune adventive d'insectes.

Faune nutritive : *Chabot, Vairon, Loche, Epinoche.*

Espèces dominantes : *Gammarus pulex*, larves d'*Ephémérides* et de *Phryganides.*

Poissons locaux : Gardon, Vandoise, Truite qui remonte en novembre et décembre.

Pas d'Ecrevisses. Ce crustacé ne se rencontre que dans le cours supérieur de ce cours d'eau.

Dosage de l'oxygène dissous. Température : 8°1. Oxygène : 5 cc 67 par litre.

Dosage de l'oxygène dissous (eau du lac). Température : 9°1. Oxygène : 5 cc 08 par litre.

Capacité biogénique = IV.

La Leysse

Non navigable. Largeur moyenne : 15 m. ; profondeur moyenne : 1 m. 50. Courant d'allure modérée en basses eaux devenant torrent impétueux après les pluies.

Pas d'obstacle à la circulation du poisson dans cette partie. Eau limpide de couleur claire. Température : 8°.

En grandes crues, l'eau est trouble et se charge de limon argilo-calcaire. Le fond, de nature alluvionnaire est formé de cailloux roulés. Couleur générale du fond : verdâtre.

Flore aquatique : Algues chlorophycées, Cladophora, Spirogyres, Ulothrix. Epais enduit de Diatomées sur les cailloux.

Bords bas et à pic. Nature des rives : cultures, prairies, digues garnies de bouquets d'arbres fournissant une faune nutritive adventive d'insectes : Salix incana, Populus nigra, touffes de Baldingera arundinacea.

Faune nutritive : *Vairon, Blennie, Epinoche, Chabot, Loche.*

Espèces dominantes : *Gammarus* parasité quelquefois par *Telohania Mulleri. Bœtis Rhodani, Ephemerella, Nemurella Picteti, Rhyacophila vulgaris, Plectronemya, Odontocerum albicorne, Anabolia nervosa, Goera pilosa, Lymnœa, Planorbis, Ancylus, Neritella, Dreissensia.*

Espèces nombreuses: *Tubifex rivulorum, Helodrilus, Helobdella stagnalis, Herpobdella octoculata, Glossiphonia complanata, G. paludosa, Planaria albissima, Polycelis nigra, P. cornuta, Tanypus, Dicranota, Culex, Helmis œneus.*

Poissons locaux : Hottu, Soueffe, Perche, Chevaine, Mirandelle (à l'embouchure), Truite, dont la remontée est en novembre et décembre.

Le braconnage s'effectue la nuit avec l'épervier, le petit mirandellier et les nasses.

Dosage de l'oxygène dissous. Température : 8°. Oxygène : 5 cc 53 par litre.

Dosage de l'oxygène dissous (eau du lac). Température : 9°. Oxygène : 5 cc 11.

II. Lac d'Annecy

Le Laudon (1)

1° (A 50 mètres à l'aval du pont du chemin de fer.)

Cours d'eau non navigable. Largeur moyenne : 4 m.; profondeur moyenne : 0 m. 20.

Courant rapide régulier. Eau limpide de couleur claire.

Température de l'eau : 13°5 à 15 heures (mai).

Fond alluvionnaire de cailloux roulés calcaires et molassiques. Couleur générale : jaune.

Flore aquatique. Sur les cailloux : enduit glaireux de Diatomées, Schizothrix et Hypheothrix (algues incrustantes). Nature des rives : prairies, bords du torrent plantés de saules, de peupliers et de frênes, fournissant éléments nutritifs adventifs (insectes).

Faune nutritive : Espèces dominantes : *Anabolia, Philopotamus, Rhyachophilides, Perla, Ecdyurus, Odontocerum.*

Espèces nombreuses : *Hydropsyche*, larves de *Tanypus*, tubes de *Chironomus*, larves d'*Helmis*.

Capacité biogénique = IV.

2° (A 150 mètres à l'aval du pont du chemin de fer.)

Largeur moyenne : 6 m. ; profondeur moyenne : 0,40.

Courant rapide, régulier, coudes avec creux tranquilles profonds de 1 mètre environ. Eau limpide de couleur claire. Température : 13°5.

Fond alluvionnaire formé de sables et de cailloux roulés, herbeux sur les bords. Couleur générale du fond : jaune.

Flore aquatique : Carex sur le bord ; sur les pierres immergées nombreuses houppes d'Hydrurus penicellatus mêlés à de nombreuses Diatoma vulgare.

Bords à pic. Rives : prairies sur le bord, Salix incana, Populus nigra, Hippophae, Alnus incana.

Faune nutritive : Espèces dominantes: *Ephemerella ignita, Ecdyurus helveticus.* Espèces nombreuses : *Boetis, Gammarus, Anabolia, Phryganes, Tanypus, Hydrachnes.*

Capacité biogénique = III.

Ruisseau au Nord du Laudon

Largeur moyenne : 0 m. 50, profondeur moyenne : 0 m. 15.

(1) Observations faites en collaboration avec le professeur L. Léger.

Courant modéré. Eau limpide de couleur claire. Température de l'eau : 13° à 17 heures.

Fond alluvionnaire de couleur brune avec dépôts limoneux.

Flore aquatique : *Carex, Chara, Chlorophycées.*

Nature des rives : prairie.

Faune nutritive : *Gammarus pulex, Simulium ornatum.* larves et coques nymphales, quelques-unes infectées de microsporidiés : *Plectonemia,* petites *Planaires, Succinea, Elodes minuta, Lumbriculus.*

Capacité biogénique = IV.

LE BIOLLON Rive droite du Lac (Menthon)

1° (En amont du point de croisement des chemins du château de Menthon et du Col de Bluffy.)

Largeur moyenne : 1 m. ; profondeur moyenne : 0 m. 15. Petit torrent d'allure modérée. Eau limpide, de couleur claire. Température de l'eau : 14° à 9 heures (mai).

Fond de couleur gris jaunâtre ; cailloux roulés calcaires, petits trous ou cuvettes de 0 m. 40 à 0 m. 50 de profondeur.

Flore aquatique : cailloux couverts d'un enduit muqueux formé par *Palmella rugosa* forme jeune de *Tetraspora gelatinosa.*

Bords à pic de 1 à 2 mètres. Nature des rives : prairie boisée, avec aux bords : frênes, chênes, viornes, saules.

Faune nutritive : Plancton abondant composé de *Bœtis rhodani* (bonne nourriture pour les alevins). *Drusus, Gammarus* parasités par *Telohania Mulleri, Nemura, Tubifex, Ryachophila, Ecdyurus, Hydropsyche, Perla bicaudata, Plectonemia, Gœra, Trocheta subviridis, Velia currens.*

Truites en amont du hameau des Moulins.

Un ruisseau de prairie se jetant dans le Biolon, révèle comme apports nutritifs : *Gœra, Plectrocnemia, Stratomide, Tettix* (sauterelle palustre fréquentant les Carex.)

2° (En aval des maisons sur la rive droite du Biollon.)

Largeur moyenne : 2 m. 50 à 3 m. ; profondeur moyenne 0 m. 25. Courant assez rapide. Eau limpide de couleur claire.

Température de l'eau : 12° à 9 heures (mai).

Fond : cailloux roulés, couleur jaune. Dépôts alluvionnaires.

Flore aquatique. Les cailloux sont couverts d'un mucilage

formé de Diatomées *Gomphonema olivaceum* et d'algues vertes *Chladophora glomerata*. Les bords élevés sont tapissés d'une mousse *Cinclidotus fontinalis.*

Nature des rives : boisées, épicéas et saules.

Faune nutritive : Plancton de *Bœtis rhodani* (dominant) *Hydropsyche, Nemura,* larves et adultes ; *Odontocerum, Perla, Tubifex, Ryacophila, Ecdyurus, Gœra, Drusus*, abondants fourreaux sur les pierres. *Gammarus* infestées de microsporidiés.

Capacité biogénique = IV.

3° (200 mètres en amont de l'hôtel Beauséjour à Menthon.)

Largeur moyenne : 2 m. 50 ; profondeur moyenne : 0 m. 25.

Courant rapide. Eau limpide de couleur claire. Température : 14°, à 11 heures (mai).

Caractères du fond : cailloux roulés calcaires.

Flore aquatique : Les cailloux sont recouverts de touffes d'une Phéophycée *Hydrurus* très développée qui leur donne une couleur noirâtre. Sur les bords : *Cinclidotus fontinalis.*

Nature des rives : prairies. Peupliers, saules. Cultures sur la rive droite.

Faune nutritive : *Bœtis, Nemura* formant un abondant plancton. *Tanypus, Ecdyurus, Ryacophila, Drusus.* Larves de *Simulies.* Quelques *Gammarus* et têtards.

Capacité biogénique = IV.

TROISIÈME PARTIE

LA PÊCHE

et sa réglementation rationnelle

LES PÉRIODES DE LA REPRODUCTION

I. — Lac du Bourget

Il est extrêmement difficile, en raison de la variabilité des éléments climatériques, qui influencent les saisons d'une année à l'autre, de préciser les *dates extrêmes entre lesquelles* s'étend l'activité reproductive d'une espèce donnée de poissons.

Pour l'ensemble des deux grands groupes : **Salmonidés** et **Cyprinidés**, on constate que les pontes se succèdent, avec quelques intervalles de repos, pendant toute l'année. Le réchauffement de l'eau, une insolation persistante, la précocité de la végétation, la continuité des temps doux sont autant de facteurs décisifs pour la maturité génitale et pour le déclanchement du réflexe de l'émission des produits sexuels chez les **Cyprinidés**.

Ces poissons se réfugient en hiver dans les profondeurs où ils se tiennent en état de vie ralentie, tandis que les **Salmonidés**, à cette saison, circulent en plein lac, se préparant à leur manifestation reproductive.

Il y a lieu de noter que la vie nutritive des poissons se passe en général dans les endroits autres que ceux où ils iront effectuer leur ponte.

Si certains Corégones, poissons très pélagiques (*Lavaret*) recherchent sur la côte les faibles profondeurs d'eau sur fond de gravier pour y déposer leurs œufs, une autre variété (*Bezoule*) quitte les eaux superficielles pour choisir des frayères à une assez grande profondeur. Les *Ombles* se dirigent vers les fonds littoraux moyens. Les *Truites*, dans la règle, remontent les cours d'eau, ou bien, exceptionnellement, ne quittant pas le bassin lacustre, fouillent les rives caillouteuses pour y établir le berceau de leur ponte. (Bourget, Annecy.)

Les *Cyprinidés*, au début du printemps, gagnent les eaux attiédies et calmes des beines, des délaissés du lac, bien garnis de végétation, où les futurs alevins trouveront à leur portée un abri sûr et une nourriture abondante et variée (plancton littoral et nombreux organismes).

Les femelles rechercheront les tapis végétaux et les fourrés de plantes aquatiques pour s'y débarrasser par frictions de leur ponte *adhérente*, ou bien se dirigeront vers les plages de sable et de gravier pour y déposer leurs œufs *libres* dont l'incubation sera favorisée par la température plus douce de ces eaux littorales.

Pour les **Cyprinidés** les périodes de frai s'étendent, si l'on considère l'ensemble du groupe, sur plusieurs mois. A l'égard d'une même espèce, l'émission des œufs peut se produire en une fois ou bien se fragmenter. Après un arrêt de quelques jours causé par un refroidissement du temps, la ponte reprendra son activité et ces alternances se poursuivront ainsi à intervalles plus ou moins rapprochés.

C'est ainsi qu'une précocité de quelques semaines résultant d'un temps doux est fréquemment constatée chez la *Brême*. On observe les *Gardons* faisant des essais de fraye dès le 15 avril, la ponte durant deux ou trois jours et se propageant le long de la côte depuis le sud en remontant vers le nord. Chez la *Tanche* l'émission des œufs subit une stase pendant une quinzaine de jours, puis elle reprend s'il survient une période de temps orageux. Pour la *Carpe* la crise génitale est déterminée par une élévation de température continue qui aura porté les eaux à 16 ou 18 degrés. Un retour exceptionnel de froid l'arrête.

Pour les **Salmonidés** il existe une température optima de 5 à 6° au-dessus de laquelle la ponte sera retardée.

C'est ainsi que pour la *Bezoule*, l'époque du frai commence pendant les hivers rigoureux dès le 15 novembre et que dans des circonstances particulières la période active du *Lavaret* peut se poursuivre jusqu'au 10 janvier. Il en est de même, au lac d'Annecy, pour le *Corégone alpin* dont la ponte peut être reculée jusqu'au 10 janvier.

Les avances ou retards dans les dates de l'émission des œufs dépendent donc des conditions climatériques. Il en résulte que l'établissement des règlements de la pêche ne doit pas être basé sur la période active de la reproduction d'une même espèce, mais sur les époques prédominantes où les espèces d'un même groupe zoologique vont se reproduire.

Sur ces périodes scientifiquement déterminées doit porter l'interdiction de la pêche afin de protéger ce groupe.

C'est ainsi qu'il est nécessaire d'envisager *deux* périodes d'interdiction : l'une de printemps pour les **Cyprinidés** ; l'autre d'hiver pour les **Salmonidés.**

LA RÉGLEMENTATION DE LA PÊCHE

Si l'on veut établir une règlementation rationnelle de la pêche pour les lacs du Bourget et d'Annecy, nécessité qui s'impose en raison des particularités climatériques et biologiques qui sont propres à ces deux bassins, on doit l'appuyer essentiellement sur l'étude scientifique des mœurs des diverses espèces de poissons qui les habitent.

Nous essayerons de serrer le plus près possible la solution de ce difficile problème.

On doit en premier lieu se préoccuper de fixer des périodes d'interdiction qui auront pour but de protéger le développement de chacun des deux groupes de poissons : **Salmonidés** et **Cyprinidés** et de les établir aussi de manière à ce que la surveillance soit efficace et que la répression du braconnage soit grandement facilitée aux agents.

La délimitation de ces périodes est chose assez délicate. Il est équitable de ne pas léser par une réglementation trop rigoureuse les intérêts de toute une population de riverains auxquels une interdiction d'une durée excessive serait préjudiciable.

En tenant compte d'abord de ce but essentiel d'assurer la *reproduction des espèces*, on peut essayer de réduire au minimum ces périodes d'interdiction qui seront déterminées par les *exigences biologiques* de chaque groupe.

Si on consulte le tableau dressé pour les époques du frai,

il est facile de se rendre compte, en sériant les espèces précoces et tardives, que les faits suivants sont nettement établis :

CYPRINIDÉS

Lavaret : 15 novembre au 10 janvier ;
Truite : 1er novembre au 10 janvier ;
Bezoule : 15 novembre au 20 janvier ;
Omble-chevalier : 10 novembre au 15 janvier.

Espèces hâtives :

Lotte : janvier et février ;
Brochet : 15 février au 31 mars.

SALMONIDÉS

Espèces hâtives ayant terminé leur ponte fin mai :

Perche, perche-goujonnière, barbeau, brême, rosse, gardon, vandoise, blageon, hottu, alose.

Espèces tardives :

Carpe, tanche, chevaine, mirandelle, goujon.

***

L'interdiction de la pêche pour les **Salmonidés** s'étend d'après les arrêtés actuels du 20 *octobre au* 31 *janvier*. Mais cette période ne devra, en réalité, n'embrasser que le moment d'activité de la ponte car toute une catégorie de pêcheurs serait immobilisée pendant un temps trop considérable, sans aucun profit pour la *préservation du poisson*. On ne gênera donc aucunement le développement des **Salmonidés** en fixant la période **d'interdiction absolue du 15 novembre au 15 janvier.**

***

Pour tous les **Salmonidés** la période du frai *s'étend, en effet, entre ces limites* (voir tableau) excepté pour la *Truite* dont le frai débute le 1er novembre. Mais la *Truite* est en forte diminution au lac du Bourget et il n'y a pas lieu de la considérer pour l'établissement de la période d'interdiction.

La circulaire ministérielle du 3 juillet 1913 interdit de maintenir sur un même cours d'eau deux périodes d'interdiction absolue.

En décrétant la fermeture complète de la pêche pour toutes espèces pendant l'hiver, on doit établir une période *d'interdiction partielle de printemps* pour les seuls **Cyprinidés.**

Ces mesures, tout en sauvegardant la reproduction du poisson, contribueront à diminuer d'autant l'importance globale d'un prélèvement dommageable sur la population du lac.

En ce qui concerne les **Cyprinidés**, il faut noter que le rassemblement sexuel s'opère souvent de bonne heure, dès le 15 avril. Ces poissons quittent les profondeurs où ils stationnent en état de vie ralentie hibernale, pour s'approcher des bords dès que la température se relève.

***

Il est donc nécessaire de protéger par des *mesures rigoureuses* l'arrivée des poissons blancs dans les eaux littorales, de leur *réserver* une région absolument tranquille où ils pourront déposer leurs œufs, enfin, d'assurer la sécurité de ceux-ci pendant tout le temps nécessaire à leur incubation, en *écartant* des frayères les ravageurs et déprédateurs de toute nature.

L'interdiction partielle de printemps doit donc comprendre non seulement le *temps de la crise génitale des* **Cyprinidés**, mais encore deux semaines environ *avant* et *après* cette période active.

Il y aura lieu de l'établir du 15 avril au 15 juin, mais en tempérant cette interdiction par des mesures spéciales relatives à la pêche des **Salmonidés.**

La capture des individus en état de *maturité sexuelle* ou de crise génitale est funeste à ce moment car elle détruit la ponte qui est sur le point de s'effectuer. Elle compromet donc gravement les futures générations. Pendant cette période, toute l'activité vitale des poissons est, pour ainsi dire, polarisée vers la fonction de la reproduction. Ces êtres qui se trouvent dans cet état physiologique passager ne réagissent plus en vue de leur défense et se laissent plus facilement capturer.

D'autre part, la *quinzaine* qui succède à l'évacuation de la ponte doit être également comprise dans l'interdiction car il est indispensable d'assurer à ce moment la protection des œufs dont l'éclosion exige à peu près ce laps de temps. On conçoit la destruction qui s'opérerait dans ces frayères, à la suite, par exemple, de la traîne des filets à ce moment dans la zone côtière.

Nous devons envisager maintenant la faculté d'employer *au large*, pendant cette période, les filets pour la pêche des

Projet de réglementation de la pêche au lac du Bourget

	mars	avril	mai	juin	juillet	août	sept.	oct.	nov.	déc.	janv.	fév.
Cyprinidés.............		15 ▬	▬▬▬	▬ 15					15 ▬	▬▬▬	▬ 15	
Salmonidés		Pêche autorisée filet à mailles de 40mm excepté dans les zones côtières réservées.							15 ▬	▬▬▬	▬ 15	
Lavaret									15 ▬	▬▬▬	▬ 15	
Lotte..................											15 ▬	▬▬▬

Nota. — Les traits noirs indiquent les périodes d'interdiction.

Projet de réglementation de la pêche au lac d'Annecy

	mars	avril	mai	juin	juillet	août	sept.	oct.	nov.	déc.	janv.	fév.
Cyprinidés		15 ▬	▬	15 ▬					15 ▬	▬	15 ▬	
Salmonidés		Filets à grandes mailles et pêche à la traîne autorisée en dehors des zones côtières réservées.							15 ▬	▬	15 ▬	
Lotte											15 ▬	▬

carnassiers qui suivent vers la côte les bancs de **Cyprinidés** (*fait absolument constaté*), et causent de grands *ravages parmi ces derniers* et sur leurs frayères.

Il est d'ailleurs légitime de chercher à restreindre le nombre des *grosses pièces*, soit parmi les **Salmonidés carnassiers,** soit parmi les *Perches* et les *Brochets*, car la capture des individus de grande taille d'une espèce préservera aussi de la destruction leurs propres alevins et même leur frai.

Le dicton des pêcheurs « la pêche entretient le poisson », semble, dit le professeur Roule *(Pisciculture et Pêches)* en quelque mesure justifié, mais sous condition que la pêche soit modérée et rationnellement pratiquée. C'est ainsi que l'emploi des filets à mailles trop étroites doit être absolument prohibé.

Les filets à grandes mailles utilisés à *une certaine distance de la côte* auront pour avantage de détruire non seulement les **Salmonidés carnassiers**, mais aussi les grosses *Perches* qui, ayant terminé leur *ponte de bonne heure*, viennent en compagnie des *Ombles-Chevaliers ravager les bancs de Gardons, Rosses, Mirandelles, Goujons*. Les *Chevaines, Perches Goujonnières* et autres dévoreurs d'œufs contribuent à accroître le dommage.

Zone côtière réservée (*voir carte p.* 148)

On est amené par toutes ces considérations à édicter la protection absolue d'une zone côtière et, dans ce but, empêcher dans des limites topographiques à déterminer, l'emploi, dans cette zone, des filets pendant la période d'interdiction partielle de printemps.

Une *sévère prohibition* doit donc s'étendre à toutes les parties du lac où les **Cyprinidés** viennent frayer ; l'autre région où se tiennent les **Salmonidés** sera *ouverte* à tous les *engins permis*.

Les **Salmonidés** se pêchent en effet au large.

La *Truite* est maintenant assez rare dans le lac.

L'*Omble-Chevalier*, poisson hautement pélagique, chasse en plein lac ; il est pêché soit au filet soit au moyen d'une ligne armée de plusieurs cuillers. Le *Lavaret* et la *Bezoule* sont capturés au large en tendant des filets à une quarantaine de mètres de profondeur. Il est de toute nécessité d'*interdire la pêche* sur tous les blancs-fonds (*beines*) garnis d'abondantes végétations aquatiques, à partir de l'endroit où la beine plonge par un talus dans la profondeur (*le mont ou molard*).

LAC DU BOURGET

Tableau des époques du frai (1)

ESPECES	mars	avril	mai	juin	juillet	août	sept.	octob.	nov.	déc.	janv.	févr.
Perche	15		15									
P. goujonnière												
Chabot												
Carpe			15		15							
Tanche												
Barbeau												
Goujon												
Brême		15	10									
Mirandelle			15	15								
Rosse		15		15								
Gardon		15										
Chevaine												
Vandoise	20											
Blageon												
Vairon		15										
Hottu				10								
Dormille												
Alose												
Lavaret									15		10	
Bezoule									15	20	20	
Truite											10	
Truite-arc-en-ciel	15											
Omble-Chevalier									10		15	
Brochet	10											15
Poisson-chat												
Lamproie												
Lotte												

(1) Les tracés en pointillé indiquent les pontes particulièrement hâtives ou tardives résultant de conditions atmosphériques.

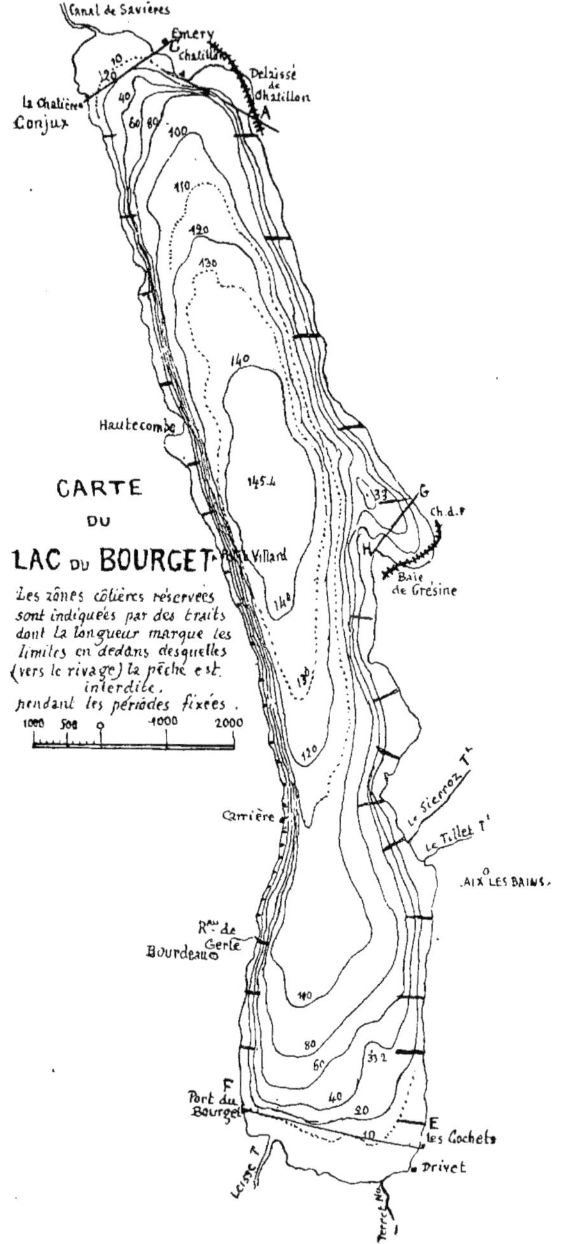
CARTE
DU
LAC DU BOURGET
Les zônes côtières réservées sont indiquées par des traits dont la longueur marque les limites en dedans desquelles (vers le rivage) la pêche est interdite, pendant les périodes fixées.
1000 500 0 1000 2000
Canal de Savières
Emery
Chatillon
Delaissé de Chatillon
La Chatière
Conjux
Hautecombe
Villard
Baie de Grésine
Carrière
Le Sierroz T.
Le Tillet T.
AIX LES BAINS
Rau de Gerle
Bourdeau
Port du Bourget
les Cochets
Drivet

C'est dans cette région limitée par une ligne tracée entre les courbes bathymétriques de 5 à 10 mètres que la *ponte des Cyprinidés est localisée.* Le molard, en particulier, revêtu d'un tapis de charas, de naïades, de myriophylles et de potamots, est la station choisie généralement par la *Perche* en vue de sa ponte.

***

La zone côtière réservée est composée de plusieurs parties :

1° *Tous les délaissés du lac* ;

2° *Une bande de* 400 *mètres de largeur* le long de la rive Est, depuis Drivet, où la ligne de chemin de fer atteint l'extrémité Sud du délaissé de Châtillon ; la *baie de Grésine* limitée par la ligne G. H.

3° *Une bande de* 200 *mètres de largeur*, le long de la rive Ouest, depuis le port du Bourget jusqu'au ruisseau de Gerle, ensuite 50 *mètres* jusqu'à la hauteur du hameau de Petit-Villard, enfin 200 *mètres* de ce point jusqu'à la Chatière (Conjux).

4° La partie comprise entre *la rive et une ligne menée du point A* jusqu'à la pointe B du rocher de Châtillon. Le point étant à 100 mètres au large de cette pointe ;

5° Toute la beine nord, entre la rive et une ligne tracée, entre la Châtière (point D à déterminer) et le hameau d'Emery (point C à déterminer) ;

6° Toute la beine sud, c'est-à-dire une *bande au Sud*, d'une ligne tirée depuis un point E, hameau des Cochets, au nord de Drivet, jusqu'à un point F, à déterminer sur la côte, au nord de la jetée du port du Bourget.

Dans toute la partie du lac non comprise dans ces zones interdites, seront seuls prohibés, pendant la période d'interdiction partielle du printemps, les engins spécifiés par les arrêtés antérieurs.

II. — **Lac d'Annecy**

Les observations relatives à la biologie générale des poissons qui viennent d'être exposées, en ce qui concerne le lac du Bourget sont applicables au lac d'Annecy.

Les conditions climatériques sont les mêmes ; l'orientation des couloirs montagneux y amène un régime analogue de vents. La différence d'altitude et les précipitations atmosphériques ne jouent pas un rôle appréciable pour amener des

LAC D'ANNECY

Tableau des époques du Frai (1)

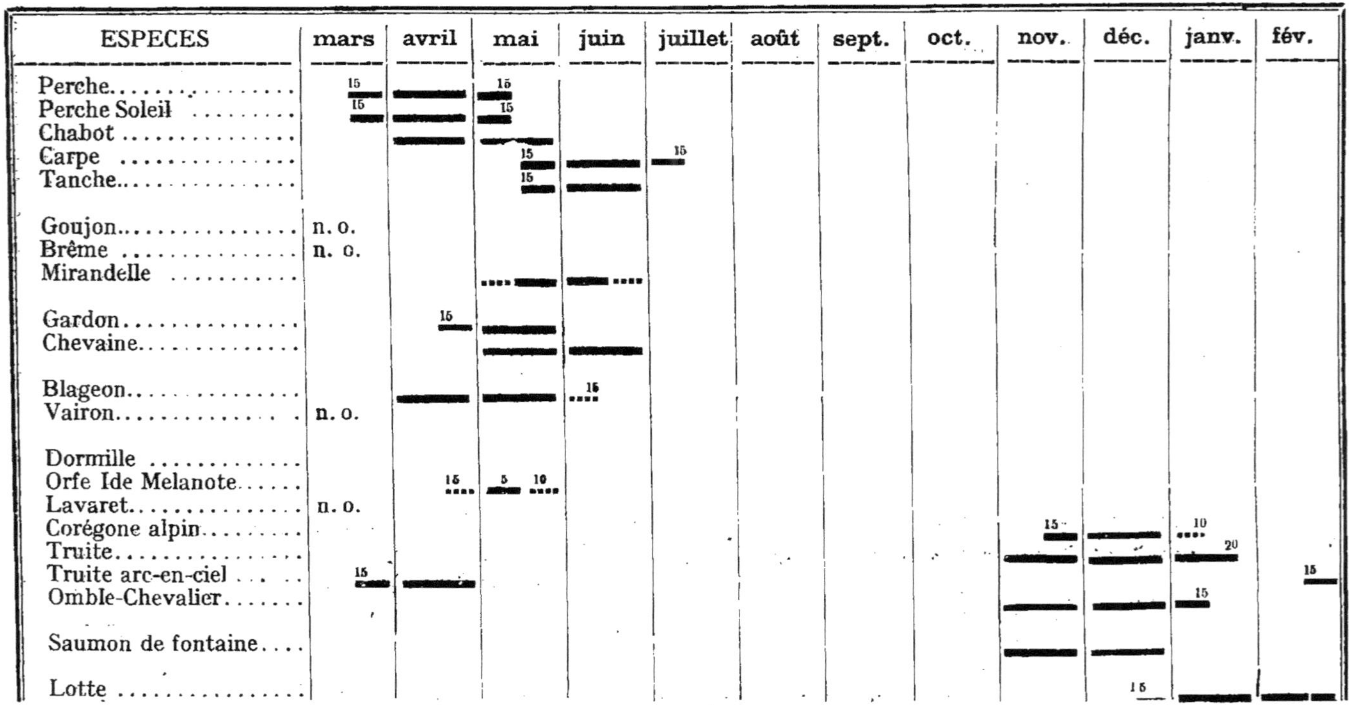

ESPECES	mars	avril	mai	juin	juillet	août	sept.	oct.	nov.	déc.	janv.	fév.
Perche	15		15									
Perche Soleil	15		15									
Chabot												
Carpe			15		15							
Tanche			15									
Goujon	n. o.											
Brême	n. o.											
Mirandelle												
Gardon		15										
Chevaine												
Blageon				15								
Vairon	n. o.											
Dormille												
Orfe Ide Melanote		15	5 10									
Lavaret	n. o.											
Corégone alpin									15		10	
Truite											20	
Truite arc-en-ciel	15											15
Omble-Chevalier											15	
Saumon de fontaine												
Lotte										15		

(1) Les tracés en pointillé indiquent les pontes particulièrement hâtives ou tardives résultant de conditions atmosphériques. n. o. non observé.

différences dans la répartition et la vie des êtres qui habitent ce bassin d'eau douce. Ce milieu aquatique subit les mêmes influences thermiques que celui du lac du Bourget. Comme ce dernier, le lac d'Annecy appartient au type tempéré à stratification alternante *décroissante de la surface au fond* en été et *croissante de la surface* au fond en hiver.

La composition qualitative du plancton est à peu près semblable dans les deux lacs ainsi que ses variations saisonnières. Sa quantité est toutefois plus faible que dans le lac du Bourget ; les écarts dans la position des maxima et minima saisonniers différencient également le lac d'Annecy de son voisin. Un certain nombre d'espèces de poissons qui habitent le Bourget sont absents du lac d'Annecy, mais pour les espèces communes aux deux lacs, les conditions et les époques du frai sont sensiblement les mêmes.

Une différence remarquable existe toutefois dans la teneur des eaux en oxygène dissous qui titrent en effet de 6 cm. c. 5 à 7 cm. 66 par litre, quantité plus élevée qu'au Bourget où la moyenne est 5 cm. 10.

Les torrents affluents Laudon, Ire, ruisseau de Menthon, donnent une moyenne oscillant entre 7 cm. c. 8 et 7 cm. c. 3. On voit donc que ces torrents contiennent à quelques dixièmes près la même quantité en oxygène dissous que le lac.

Cette constatation expliquera l'abondance relative des truites dans le lac d'Annecy et ce phénomène biologique particulier que la Truite du lac n'aura pas besoin de remonter les affluents à la recherche d'eaux plus oxygénées en vue du déclanchement de l'acte de la ponte ; de là vient l'habitude acquise par une notable partie de ces Salmonidés d'établir leurs frayères sur les graviers du littoral même du lac.

Les statistiques démontrent que le lac d'Annecy possède 4 espèces qui prospèrent incontestablement : les *Ombles-Chevaliers*, les *Truites*, les *Lottes* et les *Perches*, toutes éminemment carnassières et il apparaît qu'actuellement leur multiplication est en raison directe de la diminution des Cyprinidés, jusqu'à ce qu'un jour l'équilibre s'établisse par sélection naturelle. Les Carnassiers ayant suffisamment dépeuplé le lac, diminueront, faute de nourriture, tandis que les Cyprinidés, moins pourchassés reprendront la prédominance (1).

Le phénomène n'a rien de surprenant. On a constaté, principalement depuis un certain nombre d'années, une inquiétante diminution des Gardons.

Ce fait est dû à plusieurs causes exposées au chapitre de la biologie spéciale du Gardon (p. 89).

La protection réclamée par les pêcheurs, par l'avancement de la date de la fermeture de la pêche au printemps pour cette espèce a été tout à fait illusoire.

Il résulte des enquêtes effectuées auprès des pêcheurs professionnels et aussi de la Société de Pêche du Lac d'Annecy, que la Perche doit être considérée comme *très dévastatrice.* Il faudrait, disent-ils, la poursuivre activement afin d'en restreindre le développement. D'autres demandent l'autorisation de la pêche à la ligne de la perche en *tout temps* pour cette raison que ce poisson *seul* mord à l'amorce au vif ou à la libellule. Ce qui est vrai.

J'ai indiqué dans le chapitre consacré à la biologie de la Perche les moyens qui me paraissent les plus efficaces :

1° Autoriser, au *large* la pêche au filet en établissant des *zones de protection littorales pour le frai des Cyprinidés.* Les grosses pièces carnassières Perches, Truites, Ombles-Chevaliers seront ainsi capturées avant d'avoir pu s'approcher des bords.

2° Emploi de la nasse tel qu'on le pratique au Bourget. Il est reconnu qu'au moment de leur frai, les Perches se rassemblent sur le mont, c'est-à-dire à la limite du « *Bleu* », où s'effectue principalement la ponte. Les engins destinés à la capture de ces poissons, les nasses sont posées dans cette région du lac. *Seules les Perches* pénètrent dans ces nasses, sollicitées par le réseau d'osier pour se frotter et y déposer leurs rubans d'œufs. Elles les accrochent même à l'extérieur de l'engin, sur la poche en filet, en quantités énormes. La fécondation s'opère immédiatement par l'arrivée des mâles. Au bout de quelques heures les engins sont garnis d'œufs fraîchement pondus et aussi d'œufs embryonnés.

(1) Il est utile de faire remarquer que les essais de peuplement en Mirandelles, ayant bien réussi, ce poisson, qui devra être protégé pendant quelques années, fournira une nourriture abondante aux carnassiers de valeur : Ombles, Truites, et ceci au bénéfice des Gardons et autres Cyprinidés sans défense qui pourront plus facilement échapper à la poursuite de leurs ennemis. On pourra plus tard envisager l'emploi du filet mirandellier à mailles de 20 mm. qui sert à la pêche de ce petit Cyprinidé dans le lac du Bourget.

La Perche ayant terminé sa ponte de bonne heure va donner la chasse aux Gardons en train de frayer. Les gros individus sont particulièrement dangereux.

Une mesure pourrait donc, à cet égard, être envisagée aux conditions suivantes :

1° Autorisation de la pose des nasses du 1er au 15 *mai*.

2° Relève des engins au moins 48 heures après leur mise en place. Ce laps de temps étant nécessaire pour être assuré que la fécondation est effectuée.

3° Obligation de rejeter à l'eau, au moment de la relève de l'engin de tous les paquets d'œufs qui s'y trouvent accrochés.

Quand les perchettes se présentent en bancs, on pourra autoriser des pêches exceptionnelles du 1er *mars* au 1er *avril* ainsi que du 15 *septembre au* 15 *octobre* ; pas plus tard, car sous prétexte de capturer des perchettes on pourrait détruire de jeunes Ombles. L'apparition de bancs de perchettes, à l'encontre de ce qui se passe au Bourget, est assez rare au lac d'Annecy.

***

Un autre poisson éminemment destructeur est la *Lotte* qui opère, pendant les mois de décembre et de janvier, de grands ravages dans les frayères de Salmonidés (1).

On pourrait donc autoriser la pêche de la Lotte pendant toute l'année. L'interdiction *réduite au mois de février* seulement (moment le plus actif de la ponte) suffirait pour protéger la reproduction de l'espèce.

Mais cette pêche ne pourra être pratiquée pendant la *période d'interdiction totale* qu'au moyen du seul engin (la nasse) habituellement employé au lac d'Annecy, dont l'écartement des brins d'osier ne sera pas moindre que 27 millimètres.

***

Quelques mesures préventives, d'ordre général, en vue de la protection du poisson devront être prises pour atténuer certaines causes de dépopulation qui sont les suivantes :

I. La Pêche.

Dans quelle mesure la pêche qui n'est pas modérée par une règlementation peut-elle amener le dépeuplement des eaux.

(1) J'ai maintes fois constaté en ouvrant des Lottes, capturées pendant les mois de décembre et de janvier, que leur estomac était rempli d'œufs de Salmonidés (Truites et Ombles).

Les avis sont partagés à cet égard. Il faut toutefois faire remarquer que si les rendements piscicoles sont entravés par la capture d'une grande quantité de reproducteurs, nombreux sont les adultes qui échappent à la destruction et les œufs qu'ils produisent fournissent des jeunes qui continueront le peuplement, pourvu qu'ils trouvent dans le milieu aquatique où ils sont cantonnés une alimentation suffisante. Il faudra donc étudier soigneusement les conditions que doivent remplir les eaux pour être douées de la capacité nutritive nécessaire.

On devra parfois pêcher les individus de grande taille d'une même espèce car leur capture sauvera de la destruction leurs propres alevins et même leur frai.

Cette pratique maintiendra l'équilibre biologique entre les poissons carnassiers et les poissons blancs ; le surpeuplement, ainsi que l'a constaté le professeur Léger conduisant à des formes chétives et amaigries qui deviennent réceptibles aux maladies épidémiques.

Les lignes directrices sont donc celles-ci :

1° Empêcher la capture des très jeunes individus en proscrivant les filets à mailles trop étroites.

2° Surveiller la pêche en temps prohibé, afin d'empêcher le braconnage qui est une cause importante de dépeuplement.

II. Les animaux déprédateurs.

Les Mammifères : Loutres, Rats, Surmulots ; les Ophidiens : Couleuvres d'eau, ne font que des ravages peu importants.

Il n'en est pas de même des Oiseaux et des Poissons carnassiers. En ce qui concerne les oiseaux de passage, la liste des espèces qui fréquentent la région indique leur régime alimentaire.

Les Palmipèdes, Canards, Cygnes sont éminemment destructeurs des œufs et des alevins. Les Plongeons, Foulque sont négligeables. En ce qui concerne les Canards, en dehors des oiseaux de passage de cette famille, qui sont activement chassés, il n'y a pas à s'en préoccuper, car les fermes n'existent pas aux abords immédiats du lac. Les Grèbes chassent activement les jeunes poissons.

Les Cygnes cherchent leur nourriture parmi les herbes aquatiques. Ils dévorent indistinctement œufs et alevins. En hiver au moment du frai des Ombles et des Truites, les Cygnes grattent le gravier de leurs pattes et de leur bec pour s'emparer des œufs de ces Salmonidés qui reposent à une faible profondeur. Ils ravagent également les frayères des Poissons blancs. Les Cygnes causent d'importants dégâts matériels en *déchirant les filets* des pêcheurs tendus pendant la nuit. A l'aube, on voit ces oiseaux attirés par le miroitement des petits poissons (mirandelles) capturés dans les mailles, les dévorer en grande quantité. Ce fait que j'ai constaté au Bourget, pourra se produire au lac d'Annecy, lorsqu'on emploiera le filet (mirandellier) à petites mailles. Il serait utile, en définitive, au moment du frai des Cyprinidés, et de celui des Salmonidés, de parquer les Cygnes, comme on avait l'habitude de le faire autrefois, par un barrage à l'entrée du Canal du Vassé ou autour de l'Ile des Cygnes.

Les Poissons carnassiers sont plus redoutables.

Le Brochet est connu comme un grand destructeur mais, aussi la valeur alimentaire de ce poisson est grande, et il suffira de tendre à un peuplement intensif d'espèces de valeur médiocre qui lui fourniront la nourriture.

Le Nase (1), le Chevaine, la Perche poursuivent les bancs de Mirandelles qui cherchent à frayer. Les Perches, en particulier dévorent les alevins de Salmonidés et les Perchettes, empêchées, en raison de leur petite taille, de s'attaquer aux adultes, détruisent en revanche les tout jeunes poissons et préparent ainsi le dépeuplement progressif des eaux.

Conséquence : autorisation des pêches exceptionnelles de Perchettes, dans les conditions spécifiées p. 79, et pendant certaines périodes, deux ou trois jours par semaine lorsqu'il aura été dûment constaté que ces jeunes poissons voyagent par bancs.

III. Le braconnage.

Il va sans dire que l'on peut compter au premier rang des déprédateurs les braconniers sans scrupule, qui dans un but de lucre, ne se gênent pas pour dépeupler le lac. Ainsi, certains d'entre eux, au lac d'Annecy dévastent les frayères des Ombles-Chevaliers sous la falaise du Roc de Chère, dans le but d'amorcer leurs lignes avec les œufs de ce Salmonidé. Il n'est pas rare aussi de leur voir employer les explosifs.

IV. Faucardage intensif des canaux.

Les plantes aquatiques constituent les frayères indispen-

(1) Brochet et Nase ne se rencontrent qu'au Bourget.

sables aux Cyprinidés, car elles donnent asile à une foule d'organismes : petits mollusques, crustacés, vers, larves d'Ephémérides, de Phryganes, qui sont la nourriture préférée de ces poissons.

Les canaux émissaires du lac étaient autrefois d'admirables frayères, mais ils sont utilisés maintenant par la navigation.

Le faucardage de ces canaux qui se pratique généralement au *commencement de l'été* ne devrait pas être *total.* Il semble indispensable de réserver une zone de 1 m. 50 au bord du quai qui ne serait pas touchée par la faux.

En outre la levée des vannes de décharge des Canaux ne devra être pratiquée qu'après la période du frai des Cyprinidés.

En toute circonstance, aucune opération de ce genre ne devra être exécutée sans l'avis préalable de l'Administration des Eaux et Forêts, seule compétente en matière d'aménagement piscicole des eaux.

La coupe des herbes aquatiques qui s'installent surtout dans les canaux émissaires prend une importance particulière à cause de l'apparition depuis quelques années, dans le lac, aux abords immédiats de la ville, d'une plante très envahissante : *Helodea canadensis* (1).

Les touffes serrées de cette plante d'origine américaine encombrent les deux canaux ; elle est abondante dans le Vassé jusqu'au pont du Théâtre ; ainsi que dans le Thiou, jusqu'au barrage du Palais de l'Ile. On la voit encore le long des quais bordant le lac, et aux Marquisats depuis les Bains jusqu'au delà de la jetée. L'*Helodea* fournit un exemple remarquable de naturalisation rapide d'une espèce étrangère qui arrive en peu d'années à occuper un territoire étendu, où elle supplante les espèces indigènes. Elle se propage par une sorte de bouturage naturel ; un fragment de tige, brisé et flottant, finit par s'enraciner quand il tombe au fond. La plante produit des *pousses* hivernales qui mises en liberté par la désagrégation des tiges, se dispersent au fil de l'eau. Il y a en plus de très petits *bourgeons* hivernaux qui se détachent, s'enfoncent dans la vase et se développent, donnant un nouveau pied, quand la température de l'eau s'élève. Les inconvénients résultant de l'envahissement de cette plante apparaissent déjà : gêne de la navigation, ralentissement du cours de l'eau pouvant en-

(1) Guinier et Le Roux, L'*Helodea canadensis dans le lac d'Annecy,* Rev. Sav., 1926.

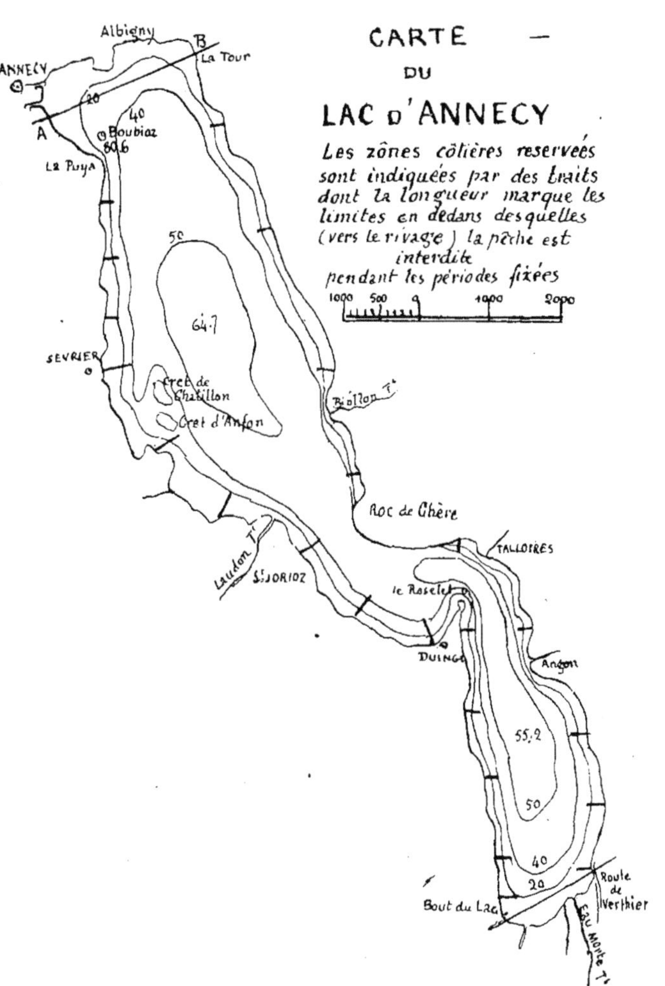
CARTE
DU
LAC D'ANNECY
Les zônes côtières reservées sont indiquées par des traits dont la longueur marque les limites en dedans desquelles (vers le rivage) la pêche est interdite pendant les périodes fixées
1000 500 0 1000 2000
Albigny
ANNECY
La Tour
A
B
Boubiaz
80.6
La Puya
SEVRIER
Cret de Chatillon
Cret d'Anfon
64.7
Biollon T.
Roc de Chère
TALLOIRES
Laudon T.
S.t JORIOZ
le Roselet
DUINGT
Angon
55.2
Bout du Lac
Route de Verthier
Eau Morte T.

traîner un exhaussement du niveau, et le colmatage du fond. On a nommé à juste titre l'*Helodea* : la peste des eaux.

Il semble que les touffes extrêmement serrées de cette plante qui s'accroît en hauteur et finit par former un épais matelas végétal reposant sur le fond doit être peu favorable à l'établissement des frayères des Cyprinidés. Ceux-ci qui avaient disparu par suite du faucardage intensif des canaux, ont abandonné définitivement leurs anciens lieux de ponte, malgré l'abondance des buissons que forme l'*Helodea*.

Pour libérer les canaux de cette végétation il serait bon d'effectuer les faucardages au début de l'été, au moment où la plante en plein développement, n'a pas encore formé de pousses ou de bourgeons hivernaux. Faucarder trop tard ou trop tôt serait imprudent et amènerait seulement une dissémination plus facile des germes et une repousse vigoureuse des pieds fauchés.

IV. Troubles apportés par la navigation.

Au lac d'Annecy, la circulation des bateaux à vapeur dans le voisinage des régions de frayères est très nuisible. Les ondes produites par la marche du bateau, atteignent les rives, interfèrent au retour avec les suivantes et les vagues produites rejettent *au sec* œufs et alevins. Ce fait a été maintes fois constaté.

Il y aura lieu, pendant les périodes actives du frai des Cyprinidés (*au printemps*) et des Salmonidés au mois de *décembre* de modifier quelque peu l'itinéraire des bateaux, dans certaines conditions à établir par la Cie des Bateaux à vapeur.

***

La règlementation de la pêche pour le lac d'Annecy pourrait être ainsi établie :

Zones réservées en dedans (vers le rivage) des limites suivantes.

1° Une largeur de 200 m. des rives sur toute la côte Est du lac depuis le port de la Tour jusqu'au point où le chemin de Verthier s'écarte du lac.

400 m. depuis ce point jusqu'au débarcadère du Bout du lac.

200 m. entre le Bout-du-Lac et le Promontoire de Duingt.

400 m. sur le large blanc fond entre Duingt et Sevrier.

200 m. entre Sevrier et La Puya.

Enfin la zone interdite sur la côte Nord s'étend entre les rives et une droite AB joignant la jetée des Marquisats au port de la Tour à Albigny.

LES ENGINS DE PÊCHE

Les engins et procédés employés par les pêcheurs professionnels ou les amateurs aux lacs du Bourget et d'Annecy sont les suivants (1).

Araignée ou Rêt. C'est un filet dormant à mailles de 27 ou 40^{mm}, long de 35 à 40 mètres sur 1 m. 20 de hauteur. Il est muni de flotteurs en liège enfilés dans la ralingue supérieure de la nappe et de plombs à la ralingue inférieure. L'engin est immergé le soir pour être relevé le matin. Avec les mailles de 40^{mm} on capture Brêmes, Brochets, Carpes, Lavarets, Ombles-Chevaliers. Avec la maille de 27 mm. on prend Barbeaux, Gardons, Lottes, Tanches. Les poissons sont retenus par les ouïes dans l'engin.

Boulet. Ce filet rectangulaire a une longueur de 40 à 60 m. sur 2 à 4 m. de hauteur. Des ralingues munies de flotteurs en liège et de lest le garnissent en haut et en bas. Les mailles ont 40^{mm}. On pêche au moyen de cet engin : Brochets, Lavarets, Perches, Truites qui se prennent par les dents, les nageoires et les ouies.

Eperviers. Trois dimensions : le petit à mailles de 10^{mm} ; le moyen à mailles de 15 à 18^{mm} ; le grand à mailles de 27^{mm}. C'est un engin extrêmement destructeur, car il capture non seulement les Perchettes, mais toutes espèces de poissons. Quand on jette ce filet pour la pêche des Mirandelles, les mailles retiennent également de petits Lavarets.

Mirandellier. Ce filet est très employé au Bourget pour la pêche de l'Ablette mirandelle. La nappe est longue de 35 à 40 m., haute de 15 m. Les mailles ont 10^{mm}.

Pic. Ce filet rectangulaire en fil très fin et très solide, long de 100 m., haut de 10 à 30 m. est pourvu de mailles de 50^{mm}. La ralingue supérieure est garnie de flotteurs en liège, l'inférieure de plombs. On peut soit y attacher des grappins pour entraîner l'engin au fond, soit le laisser flotter. Des bidons métalliques vides, attachés à la ralingue supérieure marquent

(1) Ces renseignements sont extraits en partie de l'ouvrage de Raoul DE DROUIN DE BOUVILLE : *La Pêche fluviale en France.*

l'emplacement où l'engin est immergé. Ce filet est posé le soir et ramené le matin. Les poissons y restent pris, les Lavarets par les ouïes, les Ombles-Chevaliers et les Brochets par les dents. Quant aux Truites, elles s'entortillent dans le filet.

Senne ou Grand filet. Le grand filet très employé au Bourget. Sa longueur est variable ainsi que sa hauteur ; les mailles ont de 27 à 40mm. Il est terminé par une poche. Une vessie est attachée à cette poche et flotte à la surface pour en marquer la position. Les ailes ont un développement double de la poche. La manœuvre d'immersion et de relève est effectuée par deux bateaux. La corde est frappée sur un treuil (tour avec manches en bois alternants). Le filet est chargé en travers des deux bateaux, puis la poche est mise à l'eau. Les embarcations s'éloignent pour déployer les ailes du filet ; elles sont ensuite amarrées et les cordes halées de chaque côté par le treuil. Pendant cette opération on bat l'eau avec une grande gaule afin de refouler le poisson dans le sac.

Le Sauret. Sorte de Senne formée d'une nappe rectangulaire de 15 à 20 mètres de longueur sur 3 mètres de large. A chaque extrémité se trouve une traverse de bois de 1 mètre, emmanchée d'une perche en son milieu. L'un des bateaux est amarré à la rive où le pêcheur maintient l'un des manches enfoncé. La deuxième barque s'éloigne pour déployer le filet. Sur la berge, on bat l'eau, puis la barque revient à son point de départ pour replier le réseau sur lui-même.

Tramail. Filet de 20 à 25 mètres de longueur sur 1 à 2 mètres de hauteur, à trois rêts superposés et montés sur les mêmes relingues. Celle de tête porte des flotteurs en liège et celles du bas, des balles de plomb. Engin très destructeur, à proscrire, car toutes les grandes et petites espèces s'y prennent sans exception.

Branlette. Procédé de pêche tout particulier. Un hameçon double ou triple, amorcé avec un ver est fixé à l'extrémité d'une ligne, où est attaché un petit poids en plomb. On descend le poids à toucher le fond ; on le relève un peu et on le laisse retomber par saccades successives. Le bruit ainsi produit attire les Perches et les Brochets.

Ligne de fond. Elle se compose d'une corde garnie de plusieurs hameçons, retenue par une grosse pierre sur le fond. Ces lignes se tendent le soir pour être relevés le matin. On les amorce avec des morceaux de perche ou des petits poissons vifs, pour pêcher la Lotte, l'Anguille et l'Omble-Chevalier.

Ligne à main. Cet engin classique est employé sur les rives ou en bateau stationnant par tous les pêcheurs amateurs.

Verveux à ailes. Cette cage à deux ou trois chambres est longue de 3 à 4 m. et a un diamètre de 1 m. 20. Les filets attachés à l'ouverture sont rectangulaires, longs au plus de 15 m. et munis aux ralingues de lièges et de plombs. La pointe et les extrémités sont maintenus par des piquets enfoncés dans le sol. Cet engin est très employé au Bourget.

Nasses à Lottes. Au lac d'Annecy on emploie pour la pêche des Lottes une sorte de panier à claire-voie conique, dont l'intérieur est garni de branches flexibles d'osier en forme d'entonnoir à large ouverture tournée vers l'extérieur. Le poisson qui pénètre dans l'engin n'en peut plus sortir car il vient buter sur l'extrémité des tiges. Ces nasses ont été décrites p. 115. Ecartement des brins d'osier : 27^{mm}.

Nasses en filets. Ensemble de filets coniques intérieurs avec ouverture postérieure montée sur des cercles en osier en pourtour desquels est monté un filet enveloppe. Ces filets sont ainsi emboîtés les uns dans les autres. L'appareil est maintenu ouvert et rigide au moyen de deux minces perches en bois réunies à l'extrémité de la poche et qui forment tendeur ; elles s'introduisent d'autre part par leur bout bifurqué dans le cercle de l'ouverture principale. Un gros caillou sert de lest pour descendre la nasse au fond. Six ou sept nasses sont ainsi associées en série ; l'emplacement est marqué par deux flotteurs à chaque bout du fil qui est attaché à l'un des cercles.

Ces nasses, très en usage au Bourget, sont posées surtout sur le « molard », à la limite des eaux profondes pour la capture des Perches, qui *seules* y entrent au moment de leur frai, pour se débarrasser par frottement contre les parois de leur ponte, et n'en peuvent plus sortir. On relève les nasses, le matin, toutes garnies de rubans d'œufs, à l'extérieur et à l'intérieur des filets.

Index bibliographique

F.-A. Forel. *Draguages zoologiques et sondages thermométriques dans les lacs de Savoie.* Revue Savoisienne 1883.

» *Etudes zoologiques sur les lacs de Savoie.* Rev. Sav. 1884.

O.-E. Imhof. *Die pelagische Fauna und die Tiefsee fauna der zwei Savoyerseen.* Zoolog. Anzeig. VI, n° 155, 1883.

R. Chodat. *Etudes de biologie lacustre.* Bull. de l'herbier Boissier, V. 1897.

Delebecque. *Les lacs français.* Paris 1898.

F. Penard. *Recherches sur les Sarcodinés de quelques lacs de la Suisse et de la Savoie.* Rev. Suisse de zoologie, t. 16, 1908.

» *Faune rhizopodique du bassin du Léman.* Genève, 1902.

» *Les Heliozoaires d'eau douce.* Genève 1904.

Magnin. *Monographies botaniques des lacs du Jura.* Ann. Soc. bot. de Lyon 1907.

M. Le Roux. *Recherches biologiques sur le lac d'Annecy.* Ann. de biol. lacustre. Bruxelles 1907.

» *Etudes biologiques sur les lacs Savoyards (Le lac du Bourget).* Rapport de la Caisse des recherches scientifiques. Paris 1914.

L. Roule. *Traité de la pisciculture et de pêche.* Paris 1914.

» *Les Poissons des eaux douces de la France.* Paris 1925.

Raveret-Watel. *La Pisciculture.* Paris 1907.

L. Eynard. *Cladocères du lac du Bourget et de ses environs.* Ann. Soc. linn. de Lyon XIX, 1912.

J. Pelosse. *Sur les Entomostracés de la faune pélagique du lac du Bourget.* CR. Ac. des Sc., 1926, p. 399.

» *Contribution à l'étude du régime thermique du lac du Bourget.* CR. Ac. des Sc., 1923, p. 1321.

R. de Drouin de Bouville. *La Pêche fluviale en France.* Paris. I. N. 1900.

Table des Matières

PREMIÈRE PARTIE

LE LAC DU BOURGET

Recherches de biologie générale. — Faune et Flore

DEUXIÈME PARTIE

Les Poissons dans les deux grands lacs Savoyards, Bourget et Annecy

TROISIÈME PARTIE

La pêche et sa règlementation rationnelle

Annecy. — Imprimerie J. ABRY et Cie

www.ingramcontent.com/pod-product-compliance
Ingram Content Group UK Ltd.
Pitfield, Milton Keynes, MK11 3LW, UK
UKHW020600180726
13838UKWH00001B/354